“十二五”职业教育国家规划教材

# 网页美工

总主编　杨　华　李卫东
主　编　王晓峰　焦　燕

北　京　出　版　社
山东科学技术出版社

**图书在版编目（CIP）数据**

网页美工/王晓峰,焦燕主编. —济南:山东科学技术出版社,2016.6

ISBN 978-7-5331-8231-1

Ⅰ.①网… Ⅱ.①王… ②焦… Ⅲ.①网页制作工具—中等专业学校—教材 Ⅳ.①TP393.092

中国版本图书馆 CIP 数据核字(2016)第 091758 号

# 网页美工

总主编　杨　华　李卫东

主　编　王晓峰　焦　燕

**主管单位:北京出版集团有限公司**

**山东出版传媒股份有限公司**

**出 版 者:北京出版社**

**山东科学技术出版社**

地址:济南市玉函路 16 号

邮编:250002　电话:(0531)82098088

网址:www.lkj.com.cn

电子邮件:sdkj@sdpress.com.cn

**发 行 者:山东科学技术出版社**

地址:济南市玉函路 16 号

邮编:250002　电话:(0531)82098071

**印 刷 者:山东金坐标印务有限公司**

地址:莱芜市嬴牟西大街 28 号

邮编:271100　电话:(0634)6276023

**开本:** 787mm×1092mm　1/16

**印张:** 11

**版次:** 2016 年 6 月第 1 版　2016 年 6 月第 1 次印刷

**ISBN 978-7-5331-8231-1**

**定价:23.80 元**

# 编审委员会

# 编写说明

随着科技和经济的迅速发展，互联网已成为生产和生活必不可少的一部分，社会、行业、企业对网站建设与管理人才的需求也与日俱增。如何培养满足企业需求的人才，是职业教育所面临的一个突出而又紧迫的问题。目前中职教材普遍存在理论偏重、偏难以及操作与实际脱节等弊端，突出的是以“知识为本位”而不是以“能力为本位”的理念，与就业市场对中职毕业生的要求相左。

为进一步贯彻落实全国教育工作会议精神、《国务院关于加快发展现代职业教育的决定》（国发〔2014〕19号）、《现代职业教育体系建设规划（2014—2020年）》（教发〔2014〕6号），北京出版社联合山东科学技术出版社结合网站建设与管理各中职学校发展现状及企业对人才的需求，在市场调研和专家论证的基础上，打造了一套反映产业和科技发展水平、符合职业教育规律和技能人才培养要求的专业教材。

本套专业教材以该专业教学标准及教学课程目标为指导思想，以中职学生实际情况为根据，以中职学校办学特色为导向，与具体的专业紧密结合，按照“基于工作流程构建课程体系”的建设思路（单元任务教学）编写，根据网站建设与管理的总体发展趋势和企业对高素质技能型人才的要求，构建了和网站建设与管理专业相配套的内容体系。本系列教材涵盖了网站建设与管理专业、专业核心课的各个方向。

本套教材在编写过程中着力体现了模块教学理念和特色，即以素质为核心、以能力为本位，重在知识和技能的实际灵活应用；彻底改变传统教材“以知识为中心、重在传授知识”的教育观念。为了完成这一宏伟而又艰巨的任务，我们成立了教材编审委员会，委员会成员由具有多年职业教育理论研究和实践经验的教育行政人员、高校教师和行业企业一线专业人士担任。从选题到选材，从内容到体例，都以职业化人才培养目标为出发点，制定了统一的规范和要求，为本套教材的编写奠定了坚实的基础。

本套教材的特点具体如下：

**一、教学目标**

在教材编写过程中明确提出以教育部“工学结合，理实一体”为编写宗旨，以培养知识与技能为目标，避免就理论谈理论、就技能教技能，要做到有的放矢。打破传统的知识体系，将理论知识和实际操作合二为一，理论与实践一体化，体现“学中做”和“做中学”。让学生在做中学习，在做中发现规律、获取知识。

**二、教学内容**

一方面，根据教学目标综合设计了新的知识能力结构及其内容，另一方面，还结合新知识、新技术的发展要求增删、更新了部分教学内容，重视基础内容与专业知识的衔接。这样学生能更有效地建构自己的知识体系，更有利于知识的正迁移。让学生知道“做什么”“怎么做”“为什么”，使学生明白教学的目的并为之而努力，切实提高学生的思维能力、学习能力、创造能力。

**三、教学方法**

教材教法是一个整体，在教材中设计“单元—任务”方式，通过案例载体来展开，以任务的形式进行项目落实。每个任务以“完整”的形式体现，即完成一个任务后，学生可以完全掌握相关技能，以提升学生的成就感和兴趣。体现以学生为主体的教学方法，做到形式新颖。通过“教、学、做”一体化，按教学模块的教学过程，由简单到复杂开展教学，实现课程的教学创新。

**四、编排形式**

教材配图详细、图解丰富、图文并茂，引入的实际案例和设计等教学活动具有代表性，既便于教学又便于学生学习；同时，教材配套有相关案例、素材、配套练习及答案光盘以及先进的多媒体课件，强化感性认识、强调直观教学，做到生动活泼。

**五、编写体例**

每个单元都是以任务驱动、项目引领的模块为基本结构。具体栏目包括任务描述、任务目标、任务实施、任务检测、任务评价、相关知识、任务拓展、综合检测、单元小结等。其中，“任务实施”是教材中每一个单元教学任务的主题，充分体现“做中学”的重要性，以具有代表性、普适性的案例为载体进行展开。

**六、专家引领，双师型作者队伍**

本系列教材由北京出版社和山东科学技术出版社共同组织国家示范中等职业学校双师型教师编写，参加的学校有中山市中等专业学校、淄博市工业学校、滨州高级技工学校、浙江信息工程学校、河北省科技工程学校等，并聘请山东省教育科学院职业教育研究所所长杜德昌、山东师范大学教授刘凤鸣担任教材主审，感谢浪潮集团、星科智能科技有限公司给予技术上的大力支持。

本系列教材，各书既可独立成册，又相互关联，具有很强的专业性。它既是网站建设与管理专业教学的强有力工具，也是引导网站建设与管理专业的学习者走向成功的良师益友。

# 前　言

网络正以前所未有的速度渗透我们生活中的方方面面，随之而来的基于网络技术发展和网络普及基础上的新学科——网页美工设计，亦成为网络时代必不可少的新兴专业。网页美工设计是交叉性较强的专业，兼顾了艺术设计和计算机技术相关内容，要求网页设计作品既美观又具备极强的功能性，使用方便。优秀的网页美工设计师需要具备较强的审美意识、熟练掌握视觉传达设计的各项技能，并能够使用基本的网络后台语言进行页面编辑。

本教材贯彻了“基于工作过程、以行动为导向、以学习任务为载体、对接技能考证”的教学思想，在充分考虑了中等职业学校教学要求和学生特点的基础上编写而成。

本教材力求突出以下特色：

一、基于工作过程

本教材以“工学结合，理实一体”为编写宗旨，体现理实一体、基于工作过程的指导思想，以学生为主体，以教师为主导，采用“一体化教学”模式，把枯燥的网页美工设计理论融入教学情境中。

二、以行动为导向

根据网络建设与管理专业教学标准和要求，以就业为导向，以提高中职学生职业能力为本位作为基本原则，把网页美工设计理论和设计技能融合穿插，从工作实际出发，打破传统知识体系，体现行动的导向作用，体现“学中练”和“练中学”的宗旨，让学生在练中学，在项目设计实践中提高专业素质。

三、内容对接技能取证

教材内容不仅依据专业教学标准的教学内容和要求，而且结合了岗位技能证书的职业标准要求。基础知识照顾到部分学生缺少美术基础；理论知识浅显易懂，与职业资格鉴定理论部分接轨；技能部分通过典型的工作任务和技能实训，侧重培养良好的职业素养。

四、采用案例任务式架构

教材以“单元—任务”的方式，通过案例载体来展开，以任务的形式进行项目落实。展示设计案例新颖，有时代感，有代表性。教材一级栏目包括单元概述、单元目标、学习任务和单元要点归纳。学习任务下按照任务概述、任务目标、学习内容、拓展提高、思考练习层进编排。内容紧密结合岗位实际，突出了职业素质和能力的培养。

本教材主编不仅在行业一线进行了大量的设计实践，还在网页美工设计等相关理论的运用等方面做了大量的研究工作。根据中等职业教育的教学规律和特点，全书共分为三个单元，分别为网页美工设计概述、网页美工设计原理及方法、网页美工设计类型，每个单元均引入了大量具有代表性和实用性、趣味性的实例并配以实际操作页面图片，内容安排由浅入深，循序渐进，逐步拓展网页美工知识，最终能够让读者整体掌握网页美工设计过程中需要关注的规律和设计方法。每一单元任务中均安排了实训题目，以解决当前课堂教学和实践实训环节脱离的现状。本教材凝结了校企合作方面诸多研究成果，在编写过程中，得到了山东潜意识广告有限公司、济南琢磨文化创意有限公司等的大力支持，提供了很多素材并提出了很多建议；编写中还参阅、应用、借鉴了诸多资料和研究成果，在此对相关作者和业界支持的朋友表示衷心感谢！

因编写时间紧、任务重，书中难免存在不足、缺陷甚至错误，希望广大读者提出批评或改进建议，以便再版时修正。

**编　者**

# 目 录

CONTENTS

# 第一单元　网页美工设计概述

## 单元概述

网页美工是基于网络技术发展和网络普及基础之上的新专业，也是交叉性较高的专业。优秀的网页美工设计师需要同时兼顾了解美术设计和计算机技术的相关内容，必须具备良好的艺术审美观、创意设计思维方式，掌握整体网站策划及流程管理能力，熟练掌握网页设计软件，了解网站后台代码技术，我们可以称之为网站美术工程师。

本单元从网站页面美工设计的基本内容、网站页面设计的信息结构链、网站页面美工设计的基础构成要素、现代多媒体视听新元素在网页中的功能及编排、网站页面美工设计师需具备的基本技能等方面，系统介绍网页美工设计。

## 单元目标

通过本单元知识点的学习，能够全面系统地了解网页美工设计所需的各项基本技能，网页美工设计包含哪些要素以及网页美工设计基本流程、现代多媒体技术在网页设计中的地位及使用时应注意的问题等。

# 任务1 网页美工设计的基本内容

## 任务概述

概括来讲,一个完整的能够实现互联网线上展示的网站,是由诸多基础设计元素精心编排设计组合而成的。网站页面设计包含的基础设计元素简称为“网页视听元素”,包含文本信息、背景图片或背景色、背景音乐、导航栏、动作按钮、图形(图像)、表格、颜色、动态影像等,其中多媒体视听元素在大部分计算机浏览器中都能够显示、播放或收听,这些页面基础设计元素的综合运用可以极大地丰富网站页面表现力,给网站浏览用户提供更加完美的网页视听感受,增强网站页面的感染力。

整体网站页面美工设计,是将上述网页视听元素进行有机排列组合,使其展现在浏览用户计算机屏幕上的过程。网站页面设计元素的版式编排应该与网站设计风格定位一致,优秀的网页版式编排手法能够在高效率传达内容信息的同时,创造性地使浏览用户获得感官上的美感和精神上的享受。

本任务重点阐述了网站页面设计中的信息链结构模式、网站页面中的基础设计元素、现代多媒体视听元素在网页中的编排要点以及成为优秀网站页面美工设计师需要掌握的基本素质。

## 任务目标

- 全面了解网站页面美工设计的整体信息链接结构
- 了解网站页面美工的设计要素
- 了解网站中各类视听多媒体的编排组合要点
- 知道成为网站页面美工设计师需要具备的基础技能

## 学习内容

### 一、网站页面设计信息结构链

网站区别于传统媒体的特点是不同层级的信息可以分别放置在不同的单个页面中,用链接的方式将单个页面串联起来,整合成完整的网站。在设计网站之前,首先应该对网站的内容信息进行整体了解、规划,根据各类信息之间的关联等级,将信息进行分层级处理,重要的信息要在首页上出现,次一级的信息则可以在二级页面或者三级页面中出现。同样是在首页上的信息,也可以根据其重要程度置于不同的视觉区域,进而采用不同的视觉处理手段。

1. 网站页面设计信息结构链的重要性

通过信息分级处理,每一部分内容信息都能够在网站的页面中找到相对准确的固定位置,使网站的整体信息逻辑结构清晰明了,也使浏览者在阅读网站页面时有正确的视觉流程导向和阅读上的逻辑关系,进而提高网站页面的阅读速度和信息搜索效率。由此我们可以看出,网站单个页面之间链接结构的逻辑关系决定了网站浏览是否流畅和阅读方式是否舒适。

网站页面信息结构链的设计,可以使浏览用户非常方便快速地到达所需浏览的页面,同时能够清晰地知道自己所在的浏览页面位置,并能够通过网页上的超链接功能快速浏览查阅网站的其他信息,或者快速转到其他相关网站。

设置网站信息链接结构时需要注意,页面的超链接层级尽量不要超过三级,否则会造成浏览用户反复跨层级寻找信息,感受到网站链接的复杂烦琐。网站设计中,在每个层级的页面固定位置设计相同的导航信息或者在页面末端放置"返回主页"的超链接信息都可以解决这一问题。一般来说,网站首页和一级页面之间可以使用星状链接结构链接页面信息,一级页面和二级页面之间可以用树状链接结构链接页面信息。

2. 树状网站信息链接结构

将众多不同层级的页面信息进行链接,网站首页页面的链接指向一级页面,一级页面的链接指向二级页面,二级页面的链接指向三级页面……这种依次进行顺序层级链接的页面结构形式称为"树状网站信息链接结构"。

使用树状网站信息链接结构的网站,需要一个层级一个层级地依次进入,然后一个层级一个层级地依次退出。优点是网站信息条理清晰,页面信息间的逻辑关系和顺序关系比较明晰,访问网站的浏览用户会非常明确地知道自己在什么位置,不会迷失在信息量庞大的网站页面中。缺点是由于从一个栏目下的子页面到另一个栏目下的子页面,必须返回首页后才能再进入,而不能够直接从二级或三级页面转换到另外一个栏目下的二级或三级页面上,致使网站内容信息的浏览效率相对较低。一般内容较少的小型网站信息结构设计比较适合采用这种信息链接结构。

3. 星状网站信息链接结构

网站页面中的"星状网站信息链接结构"类似于互联网网络服务器的链接结构形式。这种结构会在网站中的每个页面上设置一个完全相同的链接枢纽,即导航栏(图 1-1-1),使网站中所有页面都可通过这个枢纽设置保持相互之间的链接关系。也就是说,网站中每个页面上的链接枢纽是网站中所有页面的入口。现

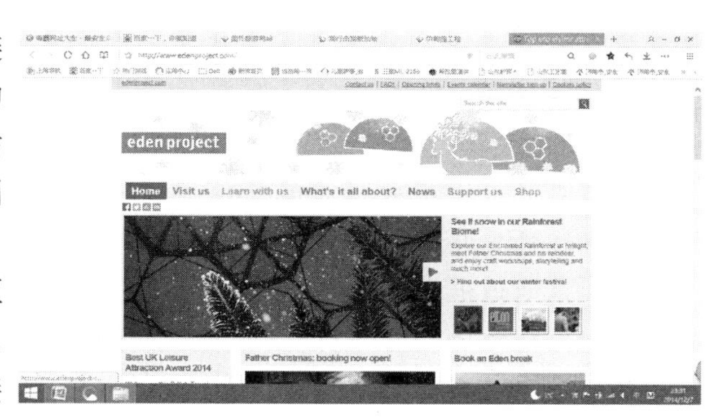


图 1-1-1　旅游类网站

在互联网上大部分网站页面设计都采用此类型的信息链接结构，如中央电视台的网站即有这种链接结构。优点是用户浏览页面非常方便，随时可以切换跳到自己想看到的页面。图 1 - 1 - 1 中，导航栏设置在画面上方，非常醒目，而且利于切换页面。

网站中的“树状网页链接结构”和“星状网页链接结构”是两种最基本的网站页面信息结构，亦是当前网站页面设计中最常用的结构形式。一般不会单独使用一种结构，而是将两种结构形式混合在一起，达到相互补充的效果。这样使浏览者既可以方便快速地看到自己需要的页面，又可以清晰地知道当前浏览位置。

因此，在网站首页和一、二级页面之间用星状信息链接结构，二级和三级、四级页面之间用树状信息链接结构，能够使网站兼具树状信息链接和星状信息链接结构的优势，大大提高网站浏览速度。

4. 确定信息链结构后的页面分割

网站设计是使用专业设计软件，将网站建设需要的不同类型、格式的信息资源进行整合，规划网站页面信息链接结构、定位网站的整体设计风格、结合网站内容和功能设计不同的网站页面。例如，有的网站以文本信息传播为主要形式，有的网站则会采用多媒体视听元素进行设计。

所有网站建设需要做的工作流程中，确定网站信息链接结构之后的重点，是使用版式编排的方法规划网站信息，用网站页面分割工具，规划各类基础设计元素的位置、大小、颜色等，使网站页面设计主题鲜明、重点明确、层次分明。

例如，一个企业网站的首页应该具备的基本信息一般包含以下几个部分：

网站 Logo——经营性门户网站的标志，或者企业网站的企业标识，一般放置在网站首页的最上方左侧；

网站 Banner——网站首页最上方的横幅广告语或者广告条；

内容——各类信息条目的链接集合或者企业、产品的介绍；

Email 地址或 QQ——用来接受用户垂询；

联系信息——如普通邮件地址或电话；

版权信息——声明版权所有者等。

还要注意重复利用已有信息，如客户手册、公共关系文档、技术手册和数据库等，可以轻而易举地链接到企业的网站页面中去。

将这些基本信息与相应图片、声音、动画等视听元素组合规划，才能给浏览者以美的视觉感受。如图 1 - 1 - 2 所示，网站页面中的文字、图片等视听元素通过框架、层或表格工具将页面进行视觉分割，使整体页面充满韵律的美感，同时各类信息层次分明，视觉流程非常舒适。

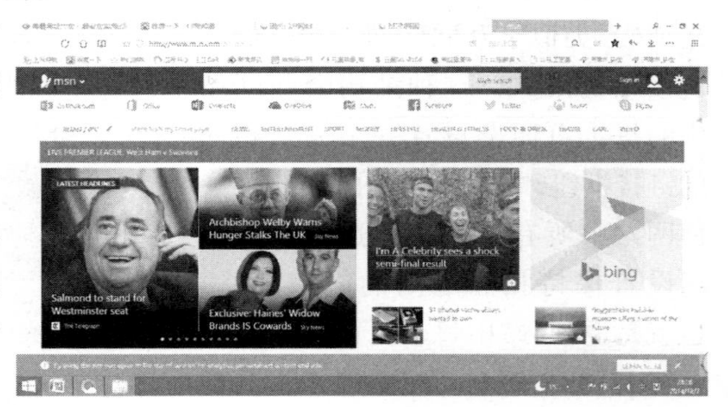


图 1 - 1 - 2　门户类网站

分割网站页面结构，可以使用

Dreamweaver 网页设计软件中的 Frame(框架结构,相当于版式设计中的 Grid)对页面进行分栏,如上下结构、左右结构、嵌套结构(混合结构);或者采用层(Layer)定位的方式进行页面布局设计;或者采用表格定位的方式确定页面布局。设计师可以根据页面美工设计要求对页面进行创意性分割,例如选择不规则形态做页面背景,突破视觉上的过分规律和呆板。

## 二、网站页面美工设计要素

### (一)网页导航设计

所有的网站页面中,导航栏都是最重要的基础设计要素。导航栏是浏览用户在同一网站中的多个页面之间跳转、链接的枢纽。在网站页面美工设计中,易用、醒目的功能性是设计导航栏的首要思考。除此之外,很多大中型网站设计时会考虑在网站首页的导航栏中,同时提供目录索引、站内搜索、在线帮助或在线咨询等服务功能,增加网站的易用性。

网站的信息页面组织方式,打破了传统媒体的单向视觉流程导航,代之以树状或者星形页面信息链接结构,网站页面是自由而分散的。面对这一状态,网站设计师在进行网页美工设计时,必须考虑更多的问题:如何让浏览用户条理清晰地接受网站提供的海量信息?如何更加合理地构建网站的页面结构?如何建立合理、易用的导航系统?如何在导航中将查询功能、站内搜索等功能设计进去?

在这一系列的问题中,网站页面导航栏的设置成为网站页面整体设计中的关键环节。一个导航设计合理的网站,能够使浏览用户随时知晓所在的位置、当前网站页面和其他不同层级页面之间的关系;同时,在每个层级的页面尾部都会设计有一个"返回主页"的链接按钮;如果网站页面是按照层级顺序树状结构组织的,通常还会在页面尾部设计一个"返回上级页面"的链接按钮。图 1-1-3、图 1-1-4 所示网站页面中的导航设计就是这样。

图 1-1-3 丰田汽车网站的导航设置

图 1-1-4 酒店类网站的导航设置

网站设计优秀与否取决于建立在浏览用户体验基础上的易用性，也就是网站页面导航设置的合理性。网站页面中易用、有效的导航链接，能够随时返回主页，或者跳转到其他页面，能够提供浏览用户位置的搜索，能够清晰地解决下列问题：

- 我在哪儿？
- 我能去哪儿？
- 我怎样去那儿？
- 我如何回到起点？

想要让浏览用户回答出上述问题，则必须提供下列信息内容：

- 让用户知道当前页面及内容类型；
- 让用户知道他们所处的页面与站点其他页面的关系；
- 提供一致的、易于理解的链接。

（二）网页信息文字设计

1. 网页信息文字设计的重要性

信息文字设计是视觉传达设计的视觉要素之一，也是东西方文化、信息传播的主要载体。在网站页面美工设计中，文字同样是极为重要的设计元素之一，起到承载网站内容，传播、塑造网站风格的作用。在网页设计中的文字设计，包含网站 Logo 字体设计、网页标题设计、网页导航栏及网站文字内容的字体设计、文字内容的易读性设计等。

网页设计中的文字设计，主要是指文字的艺术化设计和格式化设计。网页文字的艺术化设计指的是，在符合网站整体页面定位风格的基础上，对网页的信息文字进行图形（图像）化的艺术处理，使页面中的文字具有鲜明的个性特征，增强页面感染力；网页文字的格式化设计，则是指网站页面中文字信息的字体、字号、粗细、颜色、是否倾斜等格式化设计方式，这种处理方式具有普遍性，特点是不影响文字信息的清晰传达，易读、易传播，在符合网站整体页面风格定位的前提下，格式化设计的文字信息更加稳重、优雅。

因此，在网站页面中的文字信息格式化设计的基础上，发挥创意性思维进行文字信息的艺术化设计，对字体个性特征进行适当的艺术化处理，能够更好地塑造网站页面的感染力，提高浏览用户的阅读兴趣。

2. 网页信息文字设计的基本规律

多年的互联网网站页面设计实践数据分析表明，网站页面呈现在电脑屏幕上的文字最小、最清晰的中文格式字体是 16×16 点阵的仿宋体；数量较多汉字的格式排列，为了适应大部分浏览者的阅读习惯，同一横排文字数量最多不要超过 35 个汉字；网页中大量文字排列时文字的行距要根据汉字的个数来定，不宜太密集也不能过于稀疏，否则会影响用户浏览页面时的视觉流畅度；网页文字的字体选择上，注意把握同一页面中的字体不要太多，最好控制在 3 种以内；字体、字号类型使用过多的页面只会使浏览网站的用户视觉混乱而已。

3. 网页信息文字的字体选择

网页文字设计的第一步首先是挑选适合网站页面风格的字体。现有计算机字库中的字体样式迥异，每种字体的风格各不相同，同一种字体也会根据粗细的不同产生不同的风格差异，如何挑选适合网站整体设计风格的字体成为关键。

选择适合网站页面的字体，也就是选择能够准确传达网站定位风格的字体，特别是网站页面中标题字字体的选择尤为重要。如商务网站、门户型网站、企事业单位网站等，其网页标题字体的选择应以醒目、大方、严谨、色调和谐为主，宋体、黑体是此类网站标题的首选字体；时尚潮流性质网站、个人主页、设计机构网站等，其设计网站的主要目的是方便服务对象、宣传自身形象，因此网页标题字体的选择相对自由、个性，一般为经过专门设计的创意字体。

4. 网页信息文字的设计制约

网站页面美工设计过程中，因计算机技术的制约，文字字体的选择一般采用浏览器默认的字体（中文字体默认为宋体，英文默认为 Roman）进行设计，便于不同计算机型号和不同厂家出品的浏览器都能兼容显示。如果使用比较少见的字库字体进行网页设计，在不同的计算机上有可能会出现页面文字改变成默认字体，整体页面设计变形的情况。

如果必须使用特殊字体进行网页设计，可以将特殊字体录入计算机设计好后，转化成图形（图像）的格式编排网页。优点是页面设计风格独特、有个性；缺点是图形（图像）格式的元素相对体积较大，会造成页面整体体量增大，影响网站页面的打开速度。

为了兼顾网站浏览速度和文字的个性设计，在进行网站页面文字的设计时，可以将大部分的正文信息文字以计算机内置的默认的文字字体格式进行设计；对于表现网站个性风格的少量 Logo、重要的导航栏、标题字等视觉元素，用艺术化的处理手法通过图像软件进行个性化字体设计。如图 1 - 1 - 5、图 1 - 1 - 6 所示，网站首页中的标题文字使用了艺术化的处理手法表达网站个性，页面中其他文字信息则使用计算机默认的格式化处理手法处理，保证页面的浏览速度。

图 1 - 1 - 5　网站页面中的文字设计

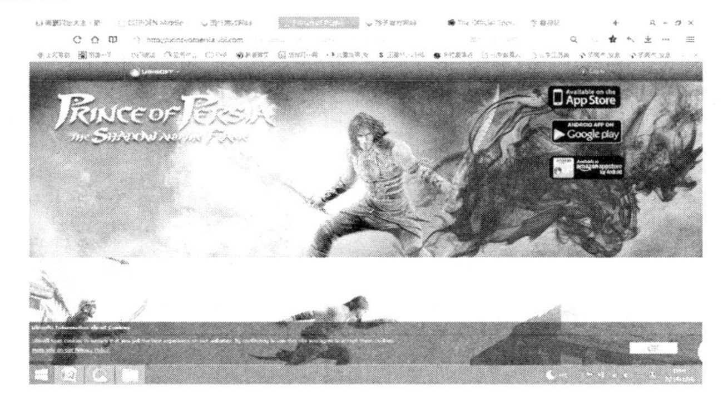


图 1 - 1 - 6　网站页面中的文字设计

（三）网页图形（图像）

1. 什么是图形

在艺术设计领域的概念中，图形（Graphic）是当代设计作品的表意形式，是设计作品中敏感和倍受关注的视觉中心。它是用写、印、刻、绘等手段产生的能传达信息的记号。著名设计理论家尹定邦先生在《图形与意义》一书中指出“所谓图形，指的是图而成形，是人为创造的图像”，图形存在的价值是传达信息。由此可知，图形是作为信息交流的媒介而存在的，与文字一样有极强的功能性，为了传播某种信息、观念、思想而存在。

在计算机软件技术的概念中，图形是指由记录坐标位置、记录外部轮廓线条构成的矢量图，即由计算机绘制的直线、圆、矩形、曲线、图表等素材，通过使用专门软件将描述图形的指令转换成屏幕上的形状和颜色。设计师处理图形通常使用的软件有 CorelDraw、Illustrator、Firework 等。

2. 什么是图像

广义图形范畴的定义中是包含图像的，但是在计算机技术的设计概念中，图像指经由照相机、摄像机等输入设备捕捉实际画面而产生的数字图像，数字图像是由像素化的点阵构成的位图，数字图像是可以快速、直接地在电脑屏幕上显示出来的形象。

在电脑软件技术的使用上，设计师处理图像通常使用的软件有 Photoshop、Paint、Brush 等，所有计算机设计软件都是可以对位图文件及相应的调色板文件进行常规性的加工和编辑，由于位图图像的存储方式占用计算机空间比较大，图像文件一般都需要进行数据压缩。

3. 图形（图像）在网页美工设计中的规律

视觉传达设计中图形（图像）是最为常用的视觉元素之一，它比文字表达更加形象、直接、具体，不同种族、不同国家、不同地区、不同语言的人都能够看得懂图形（图像）的含义。作为优于文字表达的图形（图像），它有着无与伦比的视觉传播功效。

网站设计的成功与否，很重要的因素之一就是页面有没有能与浏览用户产生共鸣，能否有吸引浏览用户视线和兴趣的图形（图像）设计。

网站页面设计中的图形（图像）具有强化视觉效果、营造网页气氛及活跃版面的作用。设计师在设计网页中的图形（图像）时，首先需要对网站本身的信息传达内容进行周密、精心的筛选和规划，对网站风格有准确的定位，之后才是选择适合的图形（图像）、使用统一的图形（图像）处理手法、选择合适大小、搭配协调的色调、编排适合的位置等，用图形（图像）设计元素与文字信息共同编排，达到增进网页信息传达视觉感染力的目标。

网站页面设计表现较为感性的主题诉求时，可以使用适合主题的大面积图形（图形）进行编排设计，让网站页面产生真实感、渲染朝气蓬勃的页面氛围；网站页面设计需要集中吸引浏览用户的视线、传达精致感受时，可以使用小面积的图形（图像）进行编排；网站页面设计需要传达视觉节奏变化、韵律感和空间变化时，可以将大小图形（图像）搭配使用。

网站页面设计中“图”与“底”之间的关系处理也是图形（图像）设计中应重点考虑的

问题。如果图形(图像)作为网站页面背景使用,应尽量使用变形、模糊、虚化等软件技术手法降低图形(图像)视觉干扰,避免“喧宾夺主”。如果图形(图像)作为背景图使用时数量较多、容易视线混乱时,可以尽量在同类色或类似色中选择图形,使其统一在一个色调和明度中,加强背景图与前面信息元素的色彩明度对比,提高识别度,降低视觉干扰,页面才能设计得层次明晰,不影响视觉信息的传达。

图 1-1-7 所示是图形在网页中的使用效果,图 1-1-8 所示是图像在网站页面设计中的使用效果。

**图 1-1-7　网站页面中的图形使用**

**图 1-1-8　网站页面中的图像使用**

(四)网页色彩设计

1.网站页面色彩设计的内容

网页美工设计中的色彩设计,包含形成网站整体风格的标准色调、网页文字信息中链接文字和信息文本的颜色、网页使用图形(图片)的色彩倾向、网站页面的背景颜色、网站页面的边框颜色等等。适当选择符合网站内涵的色彩搭配,能够很好地宣传企业整体风格。一般设计规律中,统一网站页面中的颜色种类不宜过多,纯度不宜过高,以免引起浏览网站过程中的视觉疲劳。如图 1-1-9 所示的网站页面设计,同一网站的两个二级页面使用了相同的版式设计,但使用了不同的色彩,使网站页面有了不同的个性特征。

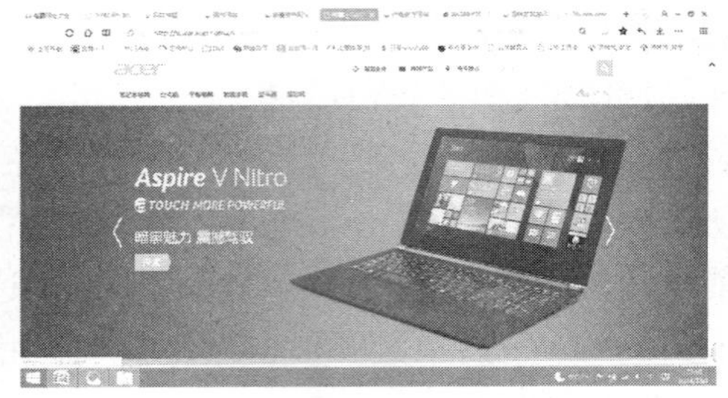


图 1－1－9　版式相同色彩不同的网页设计

2. 网站页面色彩的重要性

色彩是客观存在的事物，人类的各种行为认知和心理活动及不同的地域风俗、生活经历，为色彩赋予了多样的情感内涵，并由此引发人们对不同颜色喜欢或者厌恶的感受，如赋予红色热情、积极、温暖的情感，赋予紫色高贵、典雅、神秘的情感，赋予蓝色宽广、科技、技术情感内涵等。

网站页面设计属于视觉传达的范畴，与其他视觉传达设计形式相同的是，色彩都是强有力、高刺激性的视觉设计元素，是表达各种情感内涵的重要视觉语言之一，完美而适合网站风格的色彩使用能够让网站充满活力、激发浏览用户的感性认同。认知网站页面中的色彩，深入了解网站页面中的色彩，进而适当地使用网站页面中的色彩，才能使我们的网站页面更加具有感染力和视觉冲击力。如图 1－1－10 所示的网站页面设计中，蓝色与白色的色彩使用，搭配素净的文字编排，营造出宁静致远的网站视觉感受。

图 1－1－10　网站页面中的色彩设计

3. 网站页面色彩设计使用的一般规律

在网站页面设计中使用色彩需要注意的是，网络媒体有别于其他传统平面设计媒体，它是通过光色的传递将信息显示在计算机显示器上。因此，能够带给浏览者舒适的阅读感受，符合观者生理、心理特质的色彩设计尤为重要。人们的视觉对色彩非常敏感，对色彩的反应也最为迅速、准确、直接；色彩凝聚和积淀了地域文化、感性和理性等多方面的因素，其视觉效果能够引发网站浏览用户截然不同的感官及情感反应，产生诸如味觉、听觉、嗅觉等感受，进而延伸到人的心理使其产生联想，并在情感上引起共鸣。

在进行网站页面的色彩设计时，设置色彩彩度及明度时要特别慎重，可以采用设置背景的方法消除或减少眼睛长时间注视亮背景所引起的视神经疲劳，避免产生厌烦感，使网站页面色彩与浏览用户的生理、心理、审美结构、审美需要相结合，超越网页文字和图形的既定内涵，给浏览用户勾画出一个完美的审美意境。

设计师可以利用网站的标准色及色彩搭配风格给浏览者留下深刻印象，或者利用色彩有规律的变化以及和谐的色彩搭配,形成视觉上的流动感,带给观者良好的视觉愉悦感和精神愉悦感,使浏览用户在获取网站信息的同时身心得到放松。

4. 网站页面设计中的“网页安全色”

网站页面色彩设计过程中,“网页安全色”是设计师必须了解的内容。

网页安全色是指在使用不同的计算机硬件环境、不同操作系统、不同的浏览软件浏览网站页面时,都能够正常显示的色彩模式。它是红色(Red)、绿色(Green)、蓝色(Blue)的色彩数字信号值(DAC Count)为0,51,102,153,204,255时构成的色彩组合,一共有6×6×6=216种色彩(其中彩色为210种,非彩色为6种)。

网页安全色是网页美工设计师在不断的设计实践中探索得到的适合网站页面设计使用的颜色,是通过不同计算机设备的反复论证测试得到的结果,能够避免网站页面在不同计算机显示器上色彩失真的情况。然而网页安全色的数量太少,色彩的使用又是网站页面设计中塑造个性化风格网站的最有效方法之一,设计师非常希望能有更多的色彩选择范围,用来显示设计创意中高精度的渐变效果和真彩图形(图像)。网页安全色和需要更多色彩的设计师创意成为无法调和的矛盾,如果选择丰富的色彩变化只能牺牲掉网站浏览的通用性和网站打开的速度。

当代计算机软件技术的开发,为网页美工设计师提供了许多种色彩模式的选择,常用的有RGB模式、CMYK模式、IndexColor模式、Lab模式等,在网站页面设计中最常使用的有RGB模式和IndexColor模式。IndexColor模式支持8位色,保存的文件小,适合中低档的256色显示器。RGB模式是计算机显示器默认的显示模式,用RGB模式制作出图像后,存储成为Web图像就可在网站页面中使用了。

由于计算机型号、品牌、技术参数的不同,计算机浏览网站页面时的显示模式也会有些差异,当网站页面设计中的色彩模式超出当前计算机显示能力时,计算机的色彩管理系统会自动选择最接近的颜色来替代无法显示的颜色,但往往效果较差,破坏网站页面原有的设计风格。为了避免这一现象,初期设计网站页面时可以使用软件中的Web安全调色板来选择颜色。

Web安全调色板支持216种计算机屏幕显示色彩,使用这些色彩设计制作网页能够确保安全,无论在任何浏览器中或者任何机器的显示器上都能显示相同的色彩效果,因此大部分网站页面设计师通常选择网页安全色来设定网站页面背景、网页链接文字、网页正文文本字体、表格等网页元素的颜色,整体考虑网站风格所需的颜色及色彩安全问题。

(五)网页动画

随着电脑硬件、软件技术的飞速发展,网站页面设计也从静态网页向动态网页不断发展着,现在的互联网已经出现了成千上万的动态网站,提供海量动画、电影、音乐MV及其他素材的下载。实现网页动画的软件很多,比较常用的软件是Macromedia公司出品的Flash软件。

Flash软件是基于矢量的图形系统软件,是一种交互式矢量多媒体技术软件,只用少量的向量数据就可以描绘一个复杂的图形,同时体积很小,只占用计算机很小的存储空间,非常适用于互联网传输的基本要求。与Illustrator矢量图形软件相同,Flash软件设计制作的动画可以真正做到无限放大而不失真,还可以在动态图形图像制作的基础上支持位图、声音、渐变等功能。Flash 软件与网页集成设计软件 Dreamweaver 同属于 Macromedia 公司，通用性很好，能够很容易地在 Dreamweaver 中插入 Flash 动画，甚至直接用 Flash 设计制作完全动态的网站页面。

### 三、多媒体视听元素在网页上的组合编排

网站页面中的视觉元素（文字、图形图像、动画、框架、色彩等）和听觉元素统称为网站页面设计中的"视听元素"，都属于网页美工设计中的基本元素。更具体详细的网站页面美工设计中的视听元素有网页内容文本、网页背景、导航按钮、图标（符号）、图形（图像）、表格、色彩、导航栏、背景音乐、动画、动态影像，其中动态影像制作需要多媒体技术的广泛应用，更是为现代网页设计增加了极重要的网站页面感染力。在这一系列的网站页面设计诸多要素中，设计师所需要着重考虑的是如何很好地综合使用各种多媒体视听元素进行设计，用艺术化的网页美工形式传达适合、准确的网站风格和网站内容信息。

具体到网站页面中使用的多媒体视听元素的设计制作，需要将"浏览用户端计算机是否支持视听文件的播放格式"这一因素考虑进去。对于大多数的普通网站浏览用户来说，常用的操作系统有 PC 机上通用的微软公司开发的 Windows 操作系统和苹果公司开发的适用于苹果电脑的 Mac OS 操作系统，而不同的计算机操作系统软件配置有一定的差异，某些视听元素的文件格式有可能需要专门下载相应的软件才能流畅地播放出来。

网站中 GIF、JPEG（图形）、GIF89a（动画）三种格式是网页设计时比较通用的图形和视频格式，文件体积小，不影响网站浏览速度，而且大多数操作系统的浏览器都支持这几种文件格式的播放。但是如 APE 格式的无损音乐等特殊文件格式，就需要在客户端先下载相应的播放软件才能播放文件。

伴随生活中网络宽带的普及、计算机芯片处理速度的提升、跨平台多媒体文件格式的逐渐推广，人们对各类多媒体视听元素的需求越来越多，促使网页设计师更多地在网站页面设计中使用视听元素，以满足网站浏览用户对网络信息传播的多样化要求。现在的互联网上已经出现了实时视频播放和实时音频播放，各类电视台的节目只需延迟很短的时间就能够在网站上看到，基本实现了网络播放和电视播放的同步。因此，多媒体视听元素的综合运用是网站页面艺术设计区别于传统传播媒体的特征之一，也是网站页面美工设计的发展趋势。

## 拓展提高

### 网站页面美工设计应注意的问题

网站页面美工设计是在传统的视觉传达设计专业中，与互联网传播技术结合后成立的新兴专业，虽然发展时间很短，却已经成为当代视觉传达设计中的热点专业门类。因其市场需求的广泛性，行业发展方兴未艾，从事这一行业的设计师也越来越多。依据现有互联网上的网站设计现状，汇总了网站页面美工设计中几点容易出现的问题，引以为鉴。

1. 网站页面视觉凌乱繁杂

在传统的视觉传达设计传播媒体中，如海报设计、书籍设计、报纸杂志设计等二维媒

体，设计师会使用大量的多色彩、多字型、多字体进行设计，美化画面。但是网站页面美工设计区别于传统媒体的一个特征是互联网技术使网站页面间的浏览转换速度很快，用户不想看的话可以立刻关掉网页，退出网站。因此，如何更好地吸引浏览用户的注意力，成为网站页面美工设计师面临的主要问题。

当前互联网上的网站设计，有很大一部分网站页面存在的问题是：堆砌大量不同类型的视觉元素、网站内部页面间的链接逻辑关系混乱、信息层级不分、导航设置混乱等，使浏览用户登录网站后找不到需要的信息，只能感受到凌乱的画面，信息传达混乱，引起浏览者的视觉心理烦躁，很快放弃浏览网站页面。

因此，网页美工设计师在设计页面时，不管采用哪种手法进行设计，都要注意不要损坏网站页面的整体风格和布局，网站页面背景、网站页面前景图像、网页文字格式、网站色彩、表格框架的线条粗细等等，都必须追求统一风格下的和谐、追求网页浏览视觉的舒适。

2. 网站页面中的图片数量过多

同样是图片的使用，传统印刷媒体使用图片追求的是高清晰度、大体积、色彩绚丽逼真，画面中放置很多的图片也能够通过印刷技术完美地呈现出来。但是在网站页面设计中，如果也使用数量过多的高清、大体量的图片进行设计，或者某些网站首页为了追求美观，使用比较大体积的原创字体（如空心字、立体字等等），将文字以 JPG 图形的格式存储在网站页面中，确实能够让网页个性突出，但同时失掉的是网站页面的下载速度。同一个网站页面中使用大量（超过 10 张）高清图片，只会使浏览用户花三四倍的时间浏览这个网站页面。

3. 多媒体格式的视听元素使用过多

动画、声音、影片、图形（图像）等视听元素应用在网站页面设计中，能够让网页更加生动，吸引浏览者的视线。

网页设计中一个图像化的按钮体积是 1 ~ 4 kB，背景图片的体积为 4 ~ 10 kB，最简单的色彩不是很饱和的图片为 10 ~ 30 kB；一个声音文件压缩后每秒需要10 ~ 20 kB，如果是 WAV 格式的声音文件，体积要大一倍以上；动画的生成更是很多幅的图片叠加在一起设定动态和声音……由此可以推算出一个包含了图片、声音、动画、影像的网页体积有多么大了。所以，网页设计师在使用多媒体视听元素进行设计时一定要注意，除影视音乐网站外，其他类型的网站页面设计，不能只因为让网页页面更加漂亮，就无限制地添加视听元素，结果是一个网站页面打开就需要很长时间。

4. 网站内不同层级页面的链接结构不清晰

一个完整的网站是由很多的单独页面通过链接形式组成的，一般会分为首页、一级页面、二级页面、三级页面。设计过程中，不同层级网页信息之间的逻辑清晰，链接的条理清晰，是网站页面美工设计自始至终都需要坚持的重要原则。

设计一个网站内的所有页面，并不是一大堆资料的简单堆积，而是需要像工具书的逻辑关系一样，按照章节顺序、层级逻辑关系进行信息排列和信息链接，清晰、明了、易读、完整地传达信息。

简而言之，网站页面美工设计过程中需要遵循以下几个原则：

①尽量使客户端浏览时内存占用最小化；

②艺术与技术相统一；

③页面设计美观简化；

④页面设计要小文件多内容，使单一页面包括单一主题的多个短文件；

⑤有清晰、渐次的条目细节，使信息组织有层次；

⑥搜索引擎以及导航工具要有反馈，做到人性化互动。

根据以上几个原则进行网站页面设计，基本能够完成好用、易用、浏览舒适的网站设计了。

## 思考练习

1. 网页美工设计的基本内容有哪些？
2. 网站不同层级页面之间的信息结构有哪几种？
3. 网页美工设计要素都有哪些？
4. 简述网站页面设计中导航设置的重要性。
5. 在网页美工设计过程中使用文字元素应该注意哪些问题？
6. 网页美工设计中的视听元素都有什么？
7. 网页美工设计过程中应该注意哪些问题？

# 任务2 网站整体设计流程规划

## 任务概述

“网站整体设计流程规划”也称网站策划，包含了网站定位、网站内容栏目规划、网站整体设计流程管理、域名注册、网页美工设计、程序开发、网站测试等。“网站整体设计流程规划”作为网站页面美工设计的前期步骤，是设计网站的核心中枢，没有准确并易于施行的网站设计流程规划，网站设计则无从下手。不重视网站整体流程设计，只会造成网站访问量低，达不到宣传目的，最终只能放弃网站。

建设网站始于网站整体设计流程的规划，设计流程规划的好坏直接影响到网站页面设计的最终浏览效果，也决定了网站是否受关注的结果。必要的市场深入调研和分析、明确网站设计目的、确定网站整体风格定位、确定网站设计规模和投入费用、规划网站页面内容等流程，能够对网站整体设计起到很好的指导。可以说，良好的网站整体设计流程规划，是网站设计运行的基本保障。

## 任务目标

- 详细了解网站整体设计基本流程
- 知道网站域名分类并会查询、申办网站域名
- 会系统规划网站类型、组织网站页面所需的具体内容
- 了解网页发布测试、网站推广及网页反馈评估

## 学习内容

完善的流程能够帮助更好、更快、更加有效地完成网站设计目标。通过本单元章节的学习能够让大家详细了解网站整体设计的基本流程，而流程规划是建设优秀网站的基础。

**一、网站设计前期调研、定位**

网站整体设计流程规划的第一步是深入调研及设计定位。

在确定了网站的名称和委托设计的客户需求后，进行详尽的调研成为网站设计的第一步工作。网站的市场调研是运用科学的调研方法，有目的、有计划地收集、整理、分析与网站项目相关的各种资源、信息等图文资料，结合网站基本信息内容，为网站确立有特色、适合的风格定位。对于网站设计师而言，网站设计的前期调研、定位是确保网页美工设计顺利进行的保障。

网站设计的前期调研分为两部分。第一部分是网站设计内部调研。调研范围是网站项目内部的管理者和员工，目标是集思广益，充分了解网站项目的内容，获得有价值的可传播的信息，确定网站项目的可行性和必要性，获得基本的网站定位风格思路。

第二部分是网站设计外部调研，也就是行业环境的调研。行业调研指的是对同类型行业环境的网站信息、网站设计定位等进行搜集、分析和比较研究。外部调研的客观性和准确性相对内部调研来讲稍微弱一些，但是通过全面的外部调研能够了解同类型网站的设计风格，详细考察它们的成功所在与不足之处，找出哪些是它们还没有涉足的内容，才能够避免雷同，设计出新颖独特、有视觉吸引力的网站。同时，一个成功的同类型站点，会给设计人员带来很多启示，少走弯路。

通过完整的网站项目外部调研和内部调研资料的整合梳理，确定网站设计风格的定位，为网站美工设计打好良性基础，找到设计创意的方向。

为了明确地描述以上信息，需要形成一份书面的项目调研、分析、规划报告。报告的内容应包括：

- 网页以什么为主题？
- 设计师是不是对这个主题很熟悉？
- 现有的竞争性站点和互补性站点的情况如何？
- 同类站点在哪些方面考虑得不周到或做得还不够好？
- 本站点的独到之处在哪里？
- 设计目的和原则有哪些？
- 主要面向哪些人群？

- 潜在的浏览者的情况是怎样的(诸如技术背景、学历、兴趣和所关心的内容等)?
- 浏览者访问了你的站点后会做什么?
- 会给他们带来怎样的影响?

……

客观地完成这份报告后,下一步工作就是注册域名,系统地组织规划网站内容。

## 二、查询并申办网站域名

网站域名是网站的名字,是互联网的身份证,也是网站的独立标记。因此,在做好了前期调研并确定了网站定位风格后,就可以进行网站域名的注册了。

### (一)什么是网站域名

网站域名(Domain Name),是由一串用点分隔的字母或数字组成的,代表互联网上在线的某台计算机登录的位置,用于标记数据的电子位置(也有部分地理位置的标记功能),是计算机数据在互联网上的名字。网站域名的注册原则是先申请先注册,而在中华网库中已经注册的网站域名每一个都是独立存在、独一无二的,不能重复,因此网站域名可以说是一种相对有限的数字资源,已经存在的网站域名不允许重复注册。

### (二)域名的分类级别

网站域名根据国际规定分为不同的级别,有顶级域名、二级域名、三级域名、国家代码域名等。

#### 1. 顶级域名

非营利性国际组织 ICANN(The Internet Corporation for Assigned Names and Numbers,互联网名称与数字地址分配机构)成立于 1998 年 10 月,集合了全世界互联网技术、商业、学术领域的顶级专家共同负责互联网协议(IP)地址的空间分配、协议标识符的指派、通用顶级域名(gTLD)以及国家和地区顶级域名(ccTLD)系统的管理、根服务器系统的管理。

全球的顶级域名分为两个类别,一类是“国家顶级域名”(national top-level domainnames,简称 nTLDs),全世界有 200 多个国家按照 ISO 3166 规定的国家代码确定了国家顶级域名,如中国是. cn,美国是. us 等。第二个类别是“国际顶级域名”(international top-level domain names,简称 iTLDs),如. com 代表工商企业,. net 代表网络服务提供商,. org 代表非营利性组织等。近年来,为了解决国际域名资源紧张的问题,新增加了 7 个国际顶级域名,分别是:. firm(代表商业性公司企业),. store(代表销售公司或企业),. Web(代表突出 WWW 活动的单位),. arts(代表突出文化活动的单位),. rec (代表突出消遣娱乐活动的单位),. info(代表提供信息服务的单位),. nom(代表个人),与先前提到的 3 个顶级域名加在一起,现在可以使用注册的国际顶级域名是 10 个。

国际顶级域名是域名全称的最后后缀部分,代表的是注册公司或组织的类别符号等。

#### 2. 二级域名

网站二级域名是国际顶级域名下的域名,网站全称中的位置在顶级域名前面,用点隔开,指的是注册域名的企业或个人的网上名称,如 baidu,taobao,ibm,yahoo,microsoft 等。

我国在国际互联网信息中心(Inter NIC) 正式注册并运行的互联网顶级域名是. cn,这也是我国的一级域名。在一级域名之下,我国的二级域名分为类别域名和行政区域域名两类。

其中类别域名一共6个,分别是.ac(代表科研机构),.com(代表商业性企业),.edu(代表教育机构和学校),.gov(代表政府部门),.net(代表网络信息中心),.org(代表非营利性组织);行政区域域名一共34个,分别对应我国的省、自治区、直辖市、特别行政区等。例如,百度是商业性网站,完整域名是www.baidu.com。再如,北京大学是教育机构,其域名就是www.pku.edu.cn。

3. 三级域名

网站域名全称中,网站三级域名在二级域名的前面位置,用点隔开。

网站三级域名由26个英文字母(大小写皆可)、阿拉伯数字(0~9)、连接符(-)组成,各级域名之间用实点(.)隔开,三级域名的长度不能超过20个字符。

### (三)域名命名规范

(1)尽量使用26个英文字母、10个阿拉伯数字、英文中的“-”连词号命名。

(2)网站域名不区分英文字母的大小写,每级域名不超过20个字符。

(3)注册含有“CHINA”“CHINESE”“CN”“NATIONAL”等单词的域名须经国家有关部门(指部级以上单位)正式批准。

(4)公众知晓的其他国家或者地区名称、外国地名、国际组织名称不得使用。

(5)县级以上(含县级)行政区划名称的全称或者缩写,注册时需获得相关县级以上(含县级)人民政府正式批准。

(6)行业名称或者商品的通用名称不得使用。

(7)他人已在中国注册过的企业名称或者商标名称不得使用。

(8)对国家、社会或者公共利益有损害的名称不得使用。

### (四)域名的注册

前面提到的不同级别的网站域名有相对应的后缀,它们分别属于不同的注册机构进行管理,如.com域名的管理机构为ICANN,.cn域名的管理机构为CNNIC(中国互联网络信息中心)。若网络注册服务商已经通过ICANN、CNNIC双重认证,则不用分别到其他注册服务机构申请域名了。在国内比较专业的注册管理网站有万网、中资源、百度等,图1-2-1是万网的注册页面。

图1-2-1 万网的网站域名注册页面

准备好各类资质证明文件后,就可以通过网络域名注册服务商查询域名、在线申请了,一般网站的域名按年度收取一定费用,超过缴费期限后长时间不续费,该域名就会被删除掉。

## 三、系统规划网站类型和内容

网站整体设计项目如同金字塔结构一样,打不好金字塔的地基,在后面的具体设计过程中或者完全建好网站后再去修改有问题的网页，会是个非常耗时耗力的过程。如果说网站项目的前期调研分析定位是土壤，申办确定网站域名是项目启动的奠基石，那么系统的规划网站类型、组织网站页面所需的具体内容就是支撑网站建设的主体结构了，而结构的好坏直接影响到后期网站的稳固与否。

这一部分包含四个方面的工作：规划网站类型、搜集筛选内容、组织内容、编写脚本。

（一）规划网站类型

在这一阶段中，设计师首先要根据网站定位，明确建设网站的目的，根据用途规划网站的系统类型。

1. 电子商务类型

商务类型的网站是企业宣传自身品牌形象、展示企业风采的重要窗口，拥有国际域名的网站代表着企业的实力、规模和品位，是企业重要的无形资产。图 1－2－2 示例为电子商务型网站。

**图 1－2－2　电子商务网站**

2. 电子出版物

随着移动平台的发展，读电子书、读新闻网站的信息成为多数人的习惯。此类型网站的内容更新、信息传递速度都比传统报纸杂志更快捷，影响更广泛。图 1－2－3 所示是电子书阅读网站示例。

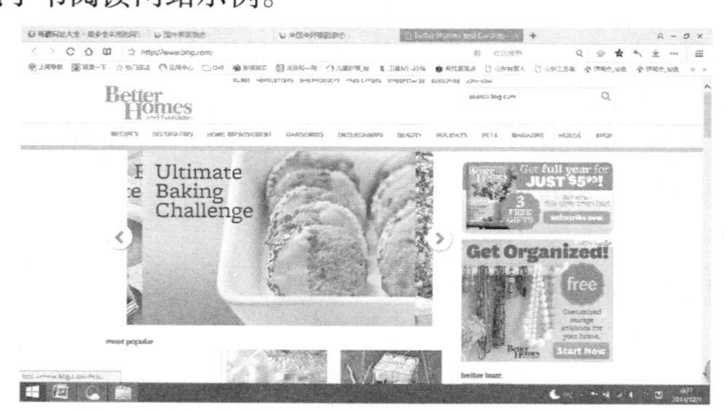


**图 1－2－3　美国美好家园电子杂志网站**

3. 休闲娱乐类型

休闲娱乐类型的网站一般包括影视播放网站、音乐网站、旅游网站、游戏网站等，是为浏览用户提供休闲娱乐感受的站点。此类型网站要求设计师能够提供各种多媒体播放信息，网站页面设计感强烈，需要设计师具有灵活的设计思维。如图 1－2－4所示是电影网站示例。

图 1－2－4　**格莱美网站**

4. 门户类型

门户类型网站的功能是提供给网络用户海量的信息源，提供强大的搜索，帮助浏览用户在互联网络中查找需要的信息。我们比较熟悉的门户型网站有百度、雅虎、搜狐、新浪等。此类型网站的强大搜索功能一般需要大型数据库系统的软件开发支持。雅虎（巴西）网站页面如图 1－2－5 所示。

图 1－2－5　**雅虎（巴西）网站**

5. 个人主页类型

个人主页类型的网站是个人注册，用来发布个人信息，提供个人服务，展示个性，增进广泛交流，如共享业余爱好等，如图 1－2－6 所示。此类型的网站设计强调个性和创意，个人风格更多些。

图 1－2－6　**席琳·迪翁官方网站**

6. 网上教育类型

现代人生活节奏越来越快，工作越来越紧张，离开学校后需要继续学习知识的需求越来越多。网络教育应运而生，远程教育、终身教育和开放式教育随着互联网技术的发展也变为现实。此类型的网站主要靠内容而不是华而不实的设计技巧来吸引浏览者。示例如图 1 –2 –7 所示。

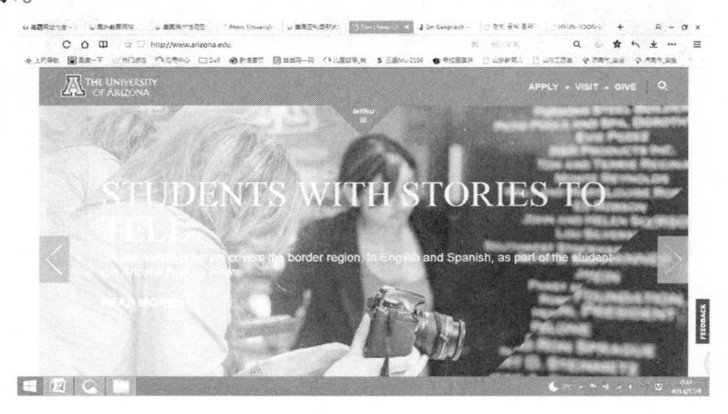


图 1 –2 –7　网上教育

7. 艺术传播类型

艺术传播类型的网站建设主旨是推广、传播艺术家的作品及艺术思想。如何把艺术作品的内涵通过网站页面的设计传达给浏览者，是艺术类型网站设计中最应该考虑的问题。深入了解艺术作品，与艺术家保持良好的沟通，准确地运用多媒体技术设计网站，都是设计好艺术站点的方法。如图 1 –2 –8 所示的网站页面设计较好地传达了艺术展览的感受。

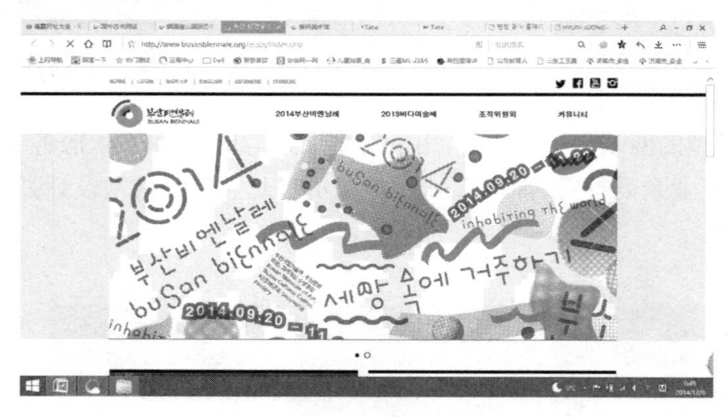


图 1 –2 –8　艺术机构网站

8. 综合服务类型

互联网上很多大型网页属于综合服务类型的网站，它能够为浏览者提供大部分的需求服务，有时会包含前面所讲的各种类型的网站功能。例如，大多数综合性网站都提供个人主页空间、免费电子信箱、休闲娱乐、艺术欣赏、搜索引擎等服务。有的网站中还设有二手旧货市场，将社区服务和电子商务合理地结合在一起。如图 1 –2 –9 所示的综合服务网站页面，融合了大部分的服务需求，成为浏览者登录互联网时的第一站。

以上是互联网上比较常见的网站类型，根据网站的定位确定网站的系统规划类型，能够在之后的网页内容选择、页面美工设计等方面获得设计的依据。

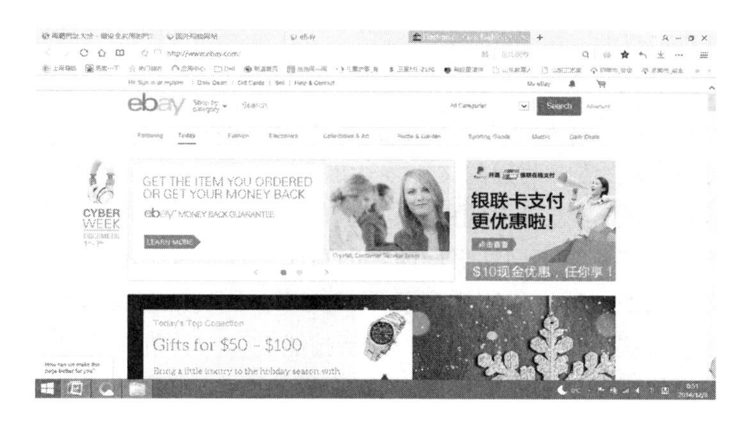


图 1-2-9　**综合服务网站**

(二)搜集筛选将要发布的内容

在这一阶段,搜集到的信息越多越好,然后对照前一步骤的规划类型分析信息,筛选网页美工设计中需要出现的内容。如图 1-2-10 所示,信息分析包括以下几个方面:

图 1-2-10　**网页内容的组织**

- 目前可以使用什么信息?
- 日后可以使用什么信息?
- 什么样的信息适用于今天的浏览者?
- 什么样的信息可以用来吸引潜在用户?

为了更好地筛选网站内容,还必须掌握以下情况:

- 目前拥有哪些资料?
- 现有资料能否实现设计的意图?
- 如果能,那么哪些是需要的,哪些是不需要的?
- 还有哪些资料没有搜集到?

除此之外,还要注意访问权限的问题:

- 哪些内容是希望所有的人都看到的(Internet)?
- 哪些信息是限于公司或组织内部人员交流的(Intranet)?

● 哪些是允许特定用户访问的(Extranet)?

(三)组织内容

将所搜集的网站信息确定网站类型并进行筛选确认后,需要设计师将确认的内容重新组织,用适合浏览阅读、清晰明确的文字表达出来。

与传统的书籍、报纸、杂志等不同的是,人们阅读网页信息内容时,相对耐受时间短,阅读迅速,这些阅读习惯决定了网站页面内容的写作方式要有所不同。

首先,网页文章长度一般为印刷文章长度的一半。因为人们阅读网页时的注意力远不如阅读报刊时集中,这使网页写作成为一项新技能。为网页所写的内容应简洁明快、以大纲形式提出,不要使用烦琐的商业措辞,把网页中的更多空间留给需要发布的实际内容及导航菜单、广告、图形等。

其次,网站设计师需要使用突出显示的标题文字,将段落限制为表达一个中心思想,并将所有内容全部放入公告牌和列表中。还可以使用项目和编号列表突出文章的要点,拓展视觉空间,从而使网站页面更加简洁易用。在组织网页内容时还应注意:一是保持更新频率,建立网站可信度;二是展现真实的信息;三是采用倒金字塔形的信息层级。冗长的网站页面内容,会使大多数浏览者放弃阅读网页的兴趣。建议将结论、标题放在页面的开端,首先列出最重要的信息标题,然后予以进一步的说明,分层次地传达你所要表达的信息。

由于网站文章要求内容简洁,不必向浏览者解释那些不重要的想法。必须有解释性内容时,可以在简洁的文字段落中添加名词或注解的超级链接,以转到其他辅助条目、相关文章或其他站点,由浏览者自己选择是否要点击这些链接,获得他们感兴趣的信息,如图1-2-11所示。超级链接是缩短文章的有效途径。

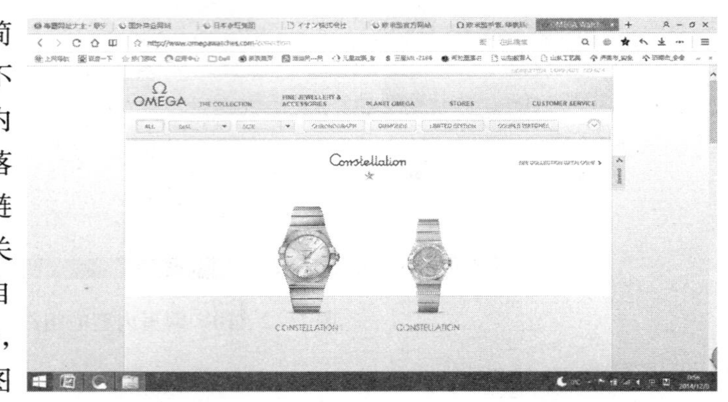


图1-2-11 网页内容的组织

网站的浏览速度是受计算机的网络传输速度决定的,我们无法确定不同浏览用户的带宽是否能够承受大体积和多数量图片网页的下载时间,因此,设计网站页面时要尽量控制页面中图片的数量和体积大小,不要让浏览用户长时间等待。

对于浏览用户来讲,过多、过长的文字信息只会让人烦躁,用户只想看到简洁的、重要的、有用的信息,不需要太多信息的堆砌和罗列,一般不应让浏览用户在读网页文章时向下滚动三屏以上。

(四)编写脚本

确定内容组织无误后,就可以开始编写网页脚本。网页脚本通常包含几个方面:

首先,将网站页面内容分类列表,把各个项目分成逻辑小组,形成网站页面的总体结构（树形或星形结构）；其次，确定每个层级页面的主题、包含的内容以及各层级页面之间的层级结构和隶属关系；最后，还要考虑树形结构之外的交叉链接关系。

如果网页是由几个工作小组分工完成的，可以根据内容和主题，将网页分成几个子项目。设计规划人员负责对各个子项目进行审查，以保证各项目在风格上的一致性。

**四、网页美工设计**

网站页面美工的设计需要计划性、准确性、整体性。

网站是由有层级关系、相互关联的大量网页链接而成，每个层级之间的单个页面的美工设计既需要有关联性，又需要有各自不同的信息表达。可以用草图绘制出每个页面中各类元素的规划、页面和页面之间版式的关联性、整体页面设计的创意等。

网页设计草图完成后，用计算机设计应用软件开始网页美工的设计工作。为了适应大部分计算机显示器的尺寸，一般网页设计的页面尺寸设定为995像素×618像素，将草图创意规划的各种网页元素组合在页面中，设计制作出实际网页的效果图。

网站页面设计过程中，还需要根据设计师的构思，设计制作适合的多媒体文件，由专业的程序设计师编制相应的计算机程序，实现网站页面的交互性。如果一个网站页面在美工设计时有很好的风格一致性和创新性、在网站功能上还能有强大的交互性，就能够给页面浏览者留下很深的印象，达到宣传的目的，如图1－2－12所示。

**图1－2－12 网站页面设计**

**五、网页发布测试**

网站页面的测试发布，包括网站完整性测试和网站可用性测试两部分。

网站的完整性测试，是设计师为了确保网站页面浏览技术上的正确性而进行的。例如，页面显示是否无误、链接指向的地址是否正确等。

网站的可用性测试，则是客户为了确保网站页面内容是浏览者所需的而进行的各类目标浏览用户的调研测试，测试网站设计是否符合最初的设计目标。

经设计师和用户测试满意后，就可以把网站上传到Web服务器发布网站了，如图1－2－13所示。

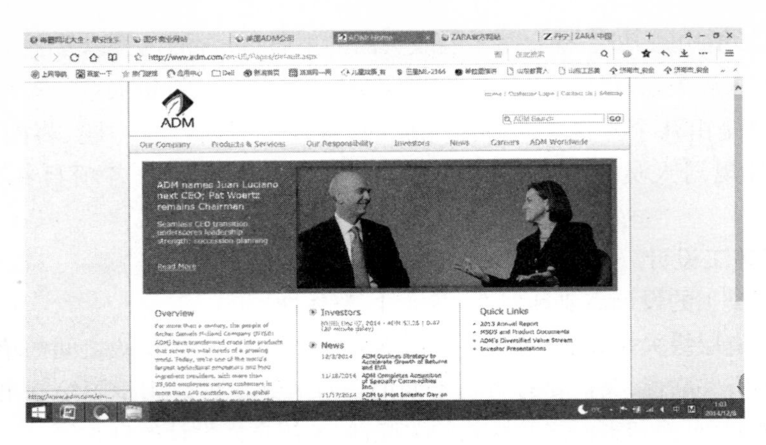


图 1－2－13　网站页面设计完成后的测试

## 六、网站推广

关于网站推广，有两个常见的误区：一是在站点还没有完工之前就迫不及待地推广。如果访客接受你的宣传来到你的站点，结果看到一个内容不完整、到处写着“正在建设……”的网页，往往会失望地离开，不会再来。另一个常见的误区是认为没有必要进行站点推广。许多客户认为只要在互联网上发布了站点，自然就会有人来访问。但事实上，WWW 站点多如繁星，如果没人知道你的站点地址，不做网站推广，网站则形同虚设。

网站的推广可以通过两种途径开展：传统媒体宣传和网络媒体宣传。

1. 传统媒体推广

网站拥有者可以在各类传统媒体上做广告来推广网站，如广播、电视、报纸杂志、黄页电话簿、分发的广告页、广告牌、灯箱、招贴海报等。平时，注意把网页地址（URL）当作公司或组织的通信地址一样来，放在任何可以放置的地方，包括企业的产品手册、信笺、名片等地方，或者为网站的发布做促销活动，以引起目标消费者的注意。

2. 网络媒体推广

如到各门户型网站进行注册和登记，使网站在网络搜索中排名靠前；参加广告交换组织；参与论坛、新闻组的讨论；雇佣专门机构进行宣传等。还可以通过与其他网页互换首页链接、在电子刊物上发布广告等方法推广。

## 七、网页反馈评估

网站推广工作并不是网站设计的终结。网站页面不同于传统媒体之处，就在于信息的更新频率快和信息传播主客双方的即时互动。因此，网站发布之后并非万事大吉。网站设计人员必须根据用户的反馈信息经常性地对网页进行调整和修改，定期或不定期增加新的内容。

获得用户反馈的渠道很多，如留言本、论坛、调查表、访客情况统计、计数器等。如果拥有自己的 Web 服务器，还可以通过检查日志文件了解网页被访问的情况。

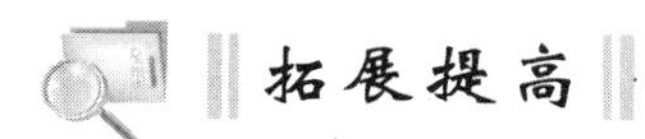

## 拓展提高

### 网站美工设计师需要掌握的基本技能

作为一名网页设计师，必须处理好从技术到实践再到创意的各种问题。网页美工设计是极具创造性、挑战性的工作，表现为“现代科学技术与艺术相结合”，设计师需要具备一定的内涵。同时，网页设计还需要充分认识网络，将网络技术与美学原理有机结合起来，使网页艺术设计更加有利于信息的传播。因此，一个网站美工设计师应该同时具备美术设计基础和相应的软件技术基础。

（一）美术设计基础

网络信息时代，已经从“如何制作网页”发展到“如何设计美的网页”。设计美学中的平面设计理论及方法是设计优美的网页时最有效的手段。加强美学理论和方法的学习运用，使网页制作技术和美学设计艺术有机地结合，是网络信息时代的需求。

1. 美术设计基础在网站页面设计中的重要性

网站页面设计属于视觉传达的范畴，图形图像、文字、颜色、构图等美术设计基础都对网页设计起到关键性作用。互联网用户的数量在国内直线上升，网站浏览用户的第一视觉感受越来越重要，也就意味着网站页面设计对审美的需求越来越高，美术设计基础在网站美工设计中的重要性显而易见，一个富有视觉美感、充满创造性的网站页面离不开美术设计的支撑。如图 1－2－14 所示，美术设计因素的加入使网站页面设计个性十足。

**图 1－2－14　网页中美术设计所占的比例**

2. 美学原理在网页设计中的表现手段

美学不是抽象的概念，它有三种艺术表现手段，即“绘画”“色彩构成”和“平面构成”，在网页设计过程中可以得到充分体现。

（1）网页设计中绘画手段的使用

从网页构成的元素来看，网页内容信息的表达可以通过大量的图形图像素材体现网站整体风格。采用美学绘画理论和技术，经图像处理软件对这些素材进行处理，使本来关联性不是很强的图像可以和谐地搭配，能更好地表现信息的内容主题，或作为页面美化的点缀。

(2)网页设计中色彩构成的使用

色彩构成是美学的重要组成部分,研究两个以上的色彩关系、精确到位的色彩组合、良好的色彩搭配是色彩构成的主要内容。人们对色彩历来非常敏感,而且不同的色彩代表了不同的情感,有着不同的象征含义。

根据网页的设计任务和内容信息特点,通过色彩构成的运用选择不同的色彩搭配,能够使网站页面在视觉上构成一体,达到和谐悦目的视觉效果,进而调动浏览者的情绪,达到信息传播和情感交流相结合的目标。

(3)网页设计中平面构成的作用

平面构成又叫"版面构成""编排设计",是视觉传达设计的重要组成,也是网页版面设计强而有力的技术手段。它在强调形态之间的比例、平衡、对比、节奏和韵律等等的同时,又非常讲究构图和图形给人的视觉引导作用。

任何设计都是感性思考与理性分析相结合的复杂过程,网页设计中融入美学设计的理论和方法,能够打破传统二维静态空间的限制,开创视觉传达设计在信息时代的发展领域。

(二)软件技术要求

内容决定形式,技术服务于创意。设计富有艺术性和个性的网页,离不开电脑技术的支持。

网页制作技术的不断进步,给艺术设计的发展拓展了更为广阔的空间。网页设计的技术手段主要有基础的 HTML、控制力强大的 CSS(样式表)、动态的 JavaScript 以及专业化的编程等。如图 1-2-15 所示的网站页面,采用统一的整体形象,运用 JavaScript 脚本使本来静态的网页"动"了起来。

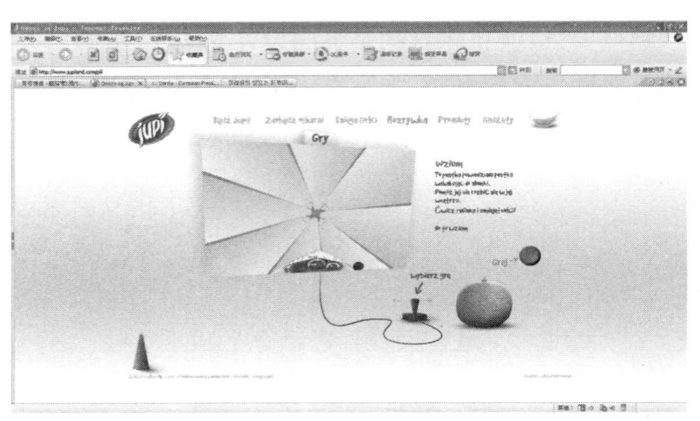

图 1-2-15　网页制作技术的应用

1. 页面设计的技术因素

网站页面设计中需要考虑页面布局和页面诸多元素的色彩、图形图像、文字信息的编排等,网页中生成各种设计元素的技术也各不相同。

(1)版面的布局

网页版面的分割布局现在主要依靠 HTML 实现。常见的方法是使用表格(Table)进行网页布局,用框架(Frame)组织页面、用 CSS(层叠样式表)精确地定位文本和图片。在所见即所得的网页编辑器里(如 Dreamweaver),可以很轻松地编辑框架和表格,如图1-2-16所示的网页

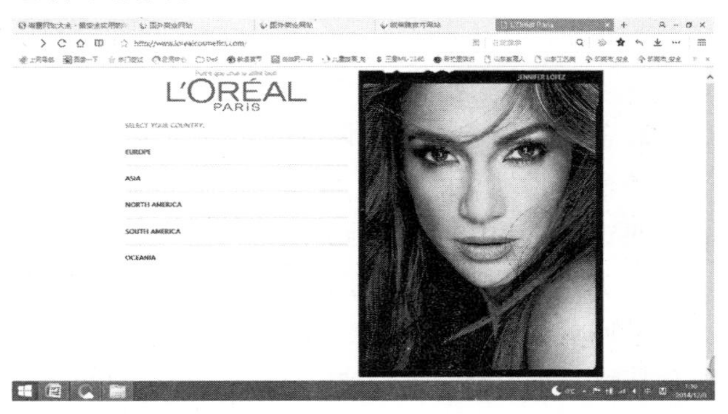


图 1-2-16　网页版面布局中的技术因素

框架结构。

（2）普通技术元素

①设计网站页面的超链接。所有浏览器的默认方式都是将已访问的文字链接用另一种颜色显示，将已访问和未访问的链接文字用颜色区分开是非常有必要的。如图1－2－17所示。

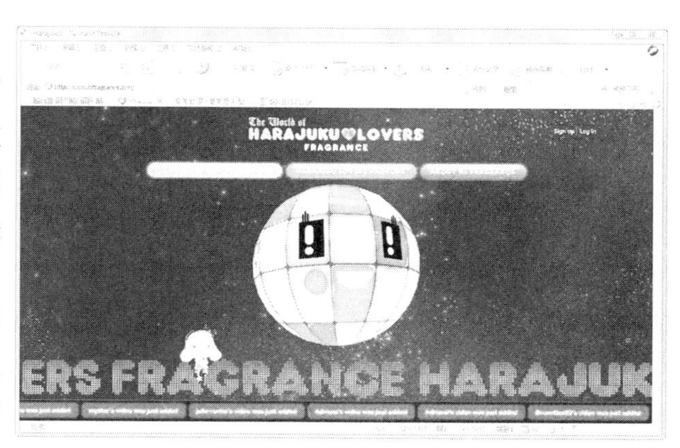


图1－2－17 网页设计的超链接

②文字控制的技术使用。文字是网站页面中的主角，修饰的方法也很多。在传统的HTML中，文字的变化已经很丰富了，而且CSS给了设计者更大的想象空间，甚至能代替图片的效果。如图1－2－18所示。

图1－2－18 网页中的文字控制

③图形控制技术。加快图形/图像文件的下载速度，是每一个网站制作者都应考虑的问题。如图1－2－19所示。制作质量较高而文件较小、不影响显示速度的网络图像，可以采用以下方法：

图1－2－19 网页中的图形控制

- 让JPEG格式的图像最优化。
- 建议使用GIF格式。
- 在同一图像中同时使用JPEG和GIF两种文件格式。
- 加速图形显示，使用Lowsrc命令（提前下载低阶图片）。

2. 网页设计的应用软件和工具

网页设计所需的应用软件很多，包括HTML编辑工具、网页开发工具、图像应用工具、创建动态元素工具等。网页制作完毕后，可以在不同的浏览器中打开，来测试网页设计效果是否一致。

(1)HTML 编辑软件

Allaire 公司提供的 HomeSite 是一套专门编写 HTML 程序代码的编辑器。用户必须具备 HTML 语言的基础，才能在超强的编辑环境里如鱼得水。

(2)网页开发软件

Dreamweaver——Macromedia 公司提供的 Dreamweaver，是建立 Web 站点和应用程序的专业工具，与 Fireworks、Flash 一起被称为“网页制作三剑客”。

FrontPage——微软公司提供的 FrontPage 是一套所见即所得的网页开发工具，与 Office 办公软件有相通之处，非常容易上手。

(3)图像处理软件

Fireworks——Macromedia 公司推出的 Fireworks 号称是第一个提供网页制图全方位解决方案的应用软件。

ImageReady——Adobe 公司推出的 ImageReady，用户界面与 Photoshop 十分类似，如果您使用过 Photoshop，便会感觉 ImageReady 十分容易上手。

Photoshop——Adobe 公司开发的 Photoshop 是一套专业级的图像应用软件。

Painter——MetaCreations 公司提供的 Painter 是一套专业绘图软件。Painter 的最新版本增加了许多网页设计功能，非常适合专业设计者使用。

CoreDraw、Illustrator——二者都是专业型向量绘图软件，由 Adobe 公司开发，主要应用于印刷输出的图形，同样可以完成网页里的插图绘制，同时文件体积相对于图片来讲很小。

(4)创建动态元素的软件

Flash——Macromedia 公司提供的 Flash 视频动画软件，可制作出具有交互性的浏览按钮、下拉式菜单、导航控制、动画图标，以及有声有色的 Shock Wave Flash(SWF)视频。

GIFAnimator——台湾友立公司提供的 GIF Animator 是一个十分易用又功能齐全的 GIF 动画制作软件。它可以合成数个 GIF 动画使之成为一个动画，也可将视频 AVI 文件转变成 GIF 文件。

(5)浏览器工具

浏览器不属于网页设计工具，但设计完成的网页需要使用不同的浏览器进行测试才能保证网页在不同的浏览环境下获得同样的浏览效果。在显示网页时，IE 和 Navigator 多少会有些不同。如果网页里包含动态 HTML 代码、Stylesheet 或 Flash 视频、声音等较高级的设计组件，IE 和 Navigator 会因为各自支持不同的标识、语法，而让网页在不同浏览器中面目全非。因此，分别使用 IE 和 Navigator 这两大浏览器来测试，可以确保网页在大部分浏览者的计算机上显示正常。

3. 多媒体技术

网络时代的多媒体技术应用使信息传播更加引人入胜。习惯于二维、静态思考的设计师，需要转变思维，进入 3D、VRML、电影、动画和声音组成的三维世界，才能够设计出更加吸引人的网页作品。

(1)动画(非视频动画)

网站页面中的动画可以通过带有插件的浏览程序或其他应用程序来播放。

GIF 动画——用 GIF 格式制作动画,是活跃页面最简单的一种方法。它的原理是在一个 GIF 文件中储存多幅 GIF 图像;当被浏览器读入时,会依次播放这些图像,就形成了动画,前面提到的大部分图像软件都能够生成 GIF 动画。

FLASH 动画——FLASH 动画既可以插入传统的 HTML 页面,也可以用它做出完整网站。使用 Flash 技术设计制作的动态网站极具吸引力,缺点是不是所有的浏览器和计算机都能播放动画,推广性稍弱。

(2)音频和视频

网站页面中加入声音和视频能够大大增强页面的表现力。

可使用的声音文件格式有.au、.aiff、.aif、.rmi、.wav、.mp3 等;可使用的视频文件格式包括.mprg、.mpg、.mov、.avi 等。

### 思考练习

1. 简述网站整体设计流程。
2. 网站整体设计前期调研、定位的重要性有哪些?
3. 网站域名的命名规范是什么?中国的顶级域名怎样书写?
4. 组织网站页面内容时应注意的问题?
5. 网页美工设计师需要掌握哪些基本技能?

# 任务3 网页美工设计的基本原则

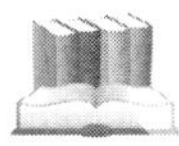

### 任务概述

网页是网站的基本组成部分,网页美工设计在遵循艺术设计的基本规律及原则的同时,也有它自身的设计特征,主要包括网站内容与视觉形式的和谐统一、主题信息传达明确、传播媒体的区别、页面组织结构形式、鲜明的整体设计风格等。由此可知,建设完整的网站所牵涉的知识点是非常多的,设计过程中也会出现各种各样的问题。本任务从三个方面阐述了网页美工设计的基本原则,这些基本原则贯穿网页设计的整个过程。

### 任务目标

- 了解网页美工设计师在设计网页中必须注意的重要基本原则

## 学习内容

### 一、网站页面信息必须传达准确

就网站页面美工设计的功能性而言，有效地进行信息传达是网站页面设计的最终目标。因此，网站页面美工设计的第一要务，是网站页面内容信息转达的准确性。

设计师在进行网站页面的设计时，首先需要按照人们的视觉习惯和视觉规律，对内容信息进行梳理、规划和重新编写，使内容信息主题突出，符合网络浏览习惯。网站页面的美工设计要跟随网站整体风格定位进行，准确传达网站信息，避免出现不协调的页面。

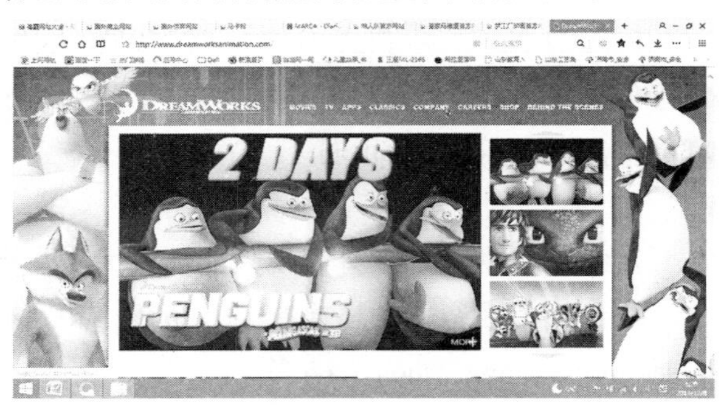


图 1－3－1　主题明确的页面设计

为了明确信息传达主题，网页设计力求单纯、简练、清晰、精确，这样的网页更易于浏览者接受，如图1－3－1所示。

要符合准确传达主题信息这一原则，可以从两方面着手：一是运用视觉习惯和逻辑规律，对网页的主题文本进行条理性、样式化的处理；二是通过艺术的形式美法则，对网页的各种构成元素进行条理性版式处理。

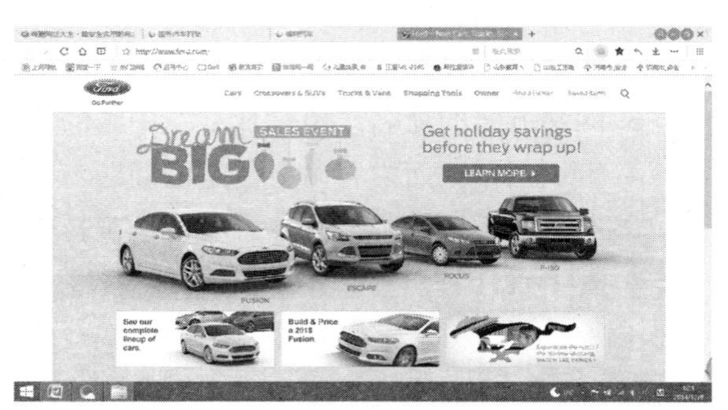


图 1－3－2　主题明确的页面设计

主题文本处理和版式处理有机统一，才能达到最好的主题诉求目标。为了创造良好的主题诉求视觉环境，设计者可以从网页的空间层次、主从关系、视觉秩序及彼此间的逻辑性等角度来进行设计，如图 1－3－2 所示。

### 二、网站页面信息与视觉传达形式的一致性原则

网页设计的内容，主要指网页功能、主题、信息文本、题材、图片、视频等基础元素的总和；网页设计的形式，主要指版式编排、风格、设计语言等，是网页设计的存在方式。

网页设计的基本原则中，内容与形式的统一是非常重要的。要将丰富的意义和多样的形式组织成统一的页面结构，形式语言必须符合页面的内容，同时体现内容的丰富含义。例如，运用对比与调和、对称与平衡、节奏与韵律以及留白等手段，通过空间、文字、图形之间的相互关系建立整体的均衡状态，产生和谐的美感，达到内容与形式的统一。如图 1－3－3所示。

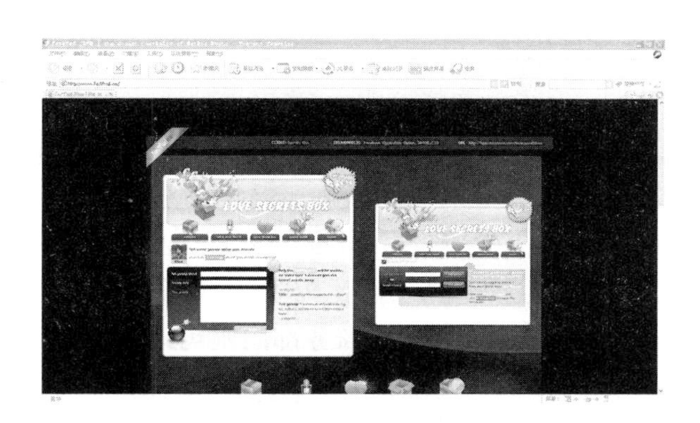

图 1－3－3 内容与形式统一的页面设计

一方面，内容具有主导地位，它决定和制约着形式，在网页创作中，形式的选择和确定都应以能否恰当地表现内容为原则；另一方面，形式又具有相对的独立性（网页的形式主要是指版式设计），它不但直接影响设计作品内容的表达和体现，而且形式本身也具有自身的审美价值，具有独特的艺术魅力。如图 1－3－4 所示。

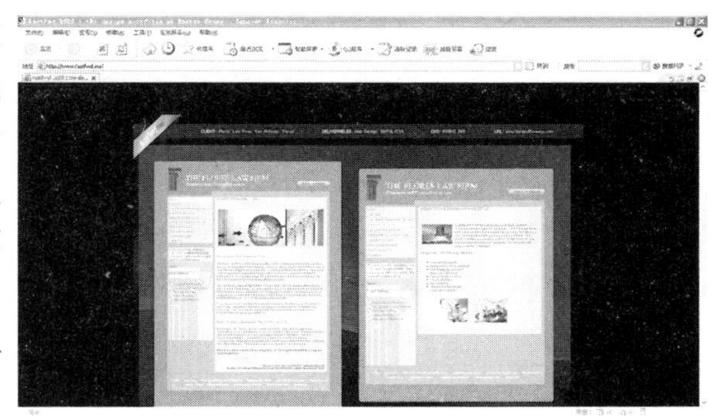

图 1－3－4 内容与形式统一的页面设计

网页设计内容与形式表现的统一，表现在网页中各视觉元素之间构成的视觉流程，应该自然有序地达到信息诉求的重点位置，且保持版面上的一致性，使页面的内容以合理的方式排布形成，网页整体感强的同时又具有变化，达到内容与形式的一致。

### 三、网站页面设计风格鲜明独特

网站页面具有多屏、分页、嵌套等特点，一般来说，具有鲜明统一的整体风格的网页更容易给浏览者留下深刻的视觉印象。整个网站内部的独立页面，用设计手法进行统一规划，形成网站的整体风格，才能让浏览者迅速有效地理解网页所传达出的信息内容，同时加深记忆。如图1－3－5所示。

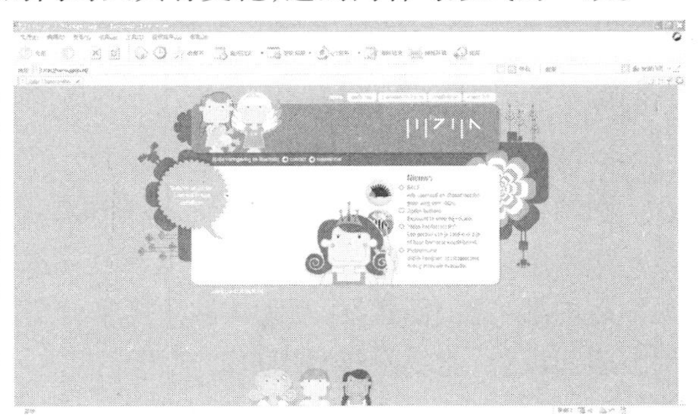

图 1－3－5 风格鲜明而整体的页面设计（一）

网站页面设计整体性与多变性是辩证统一的关系。网页具有整体性，能给人一贯、整齐、稳定、统一等感觉；具有多变性，则能使人产生活泼、积极、向上、亢奋等视觉刺激。网页设计的多变性，主要是通过使用各种艺术手段，对构成局部的诸要素进行形式上的艺术处理来实现的；整体性则通过约束各构成要素的大小、形状、色彩、规格等的变化而达到。

在强调网页整体性设计的同时，必须要注意：过于强调整体性会使网页出现呆板、沉闷的感觉，影响浏览者继续下去的兴趣。而正确处理整体性与多变性的关系，多样中求统一，制作出的网页才显得丰富多彩。

优秀网页设计的共同点是设计风格鲜明而整体。

在设计网页之前，必须先定位网页的方向，即确定网站的标题。标题在主页中起着很重要的作用，它决定着整套主页的定位是否正确。

对于不同性质的行业，网页应体现出不同的风格，就像穿衣打扮应依据不同的性别和年龄而异一样。如政府部门的主页风格一般比较庄重，而娱乐行业则可以活泼生动一些，文化教育部门的主页风格应该高雅大方，而商务部门则可以贴近民俗，使大众喜闻乐见。如图 1－3－6 所示，同一网站中的页面既有不同的内容，又保持了整体的设计风格。

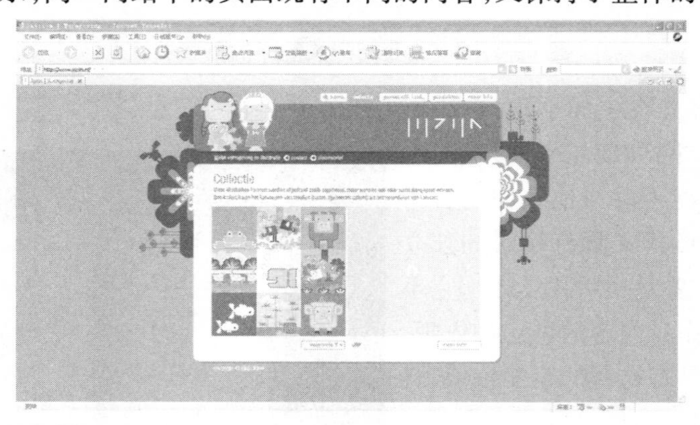

**图 1－3－6　风格鲜明而整体的页面设计(二)**

## 拓展提高

### 网页美工优秀设计案例分析

“他山之石，可以攻玉。”现提供五个优秀网站案例进行分析，也可以根据所提供的网站的网址在互联网上进行浏览体验。

1. 网站地址：www. thibaud. be

网站色调：黑色、白色、多色彩、感受沉稳时尚。

如图 1－3－7 所示，网站由 Flash 软件完成，虽然影响了网站浏览下载的速度，但从视觉传达的准确性、创意性、互动体验角度来分析的话，这个网站设计得很有时尚感，色彩使用大胆而沉稳，能吸引年轻用户的视线。

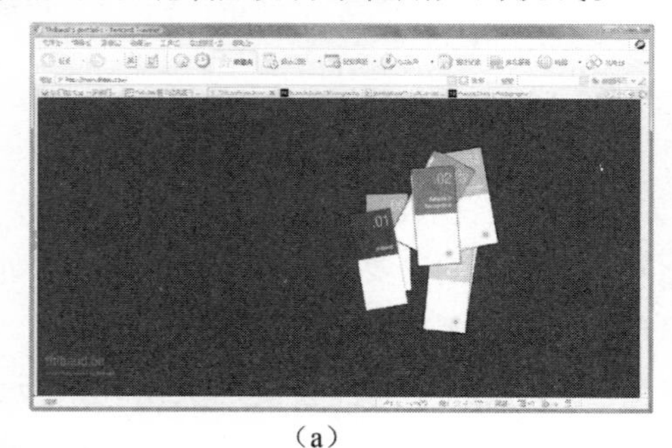

(a)

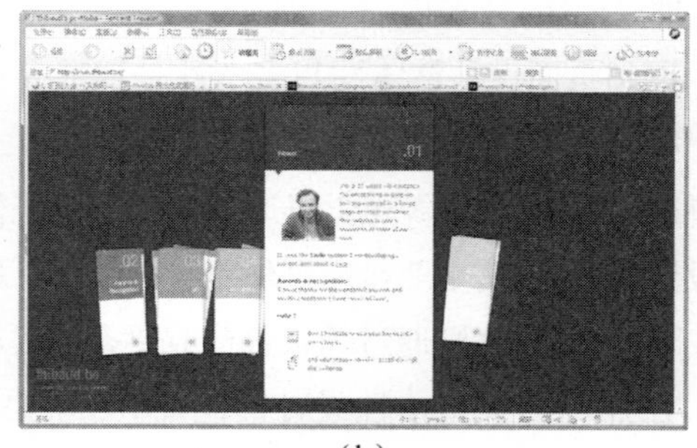

(b)

**图 1－3－7**

2. 网站地址：www. ervibisme-media. ch

网站色调：灰色、白色线条。

如图 1 –3 –8 所示，网站的页面美工设计，创意性强，非常有趣的一个纸团灵活生动地串联各个页面，形成统一的风格，设计独特，风格性强。

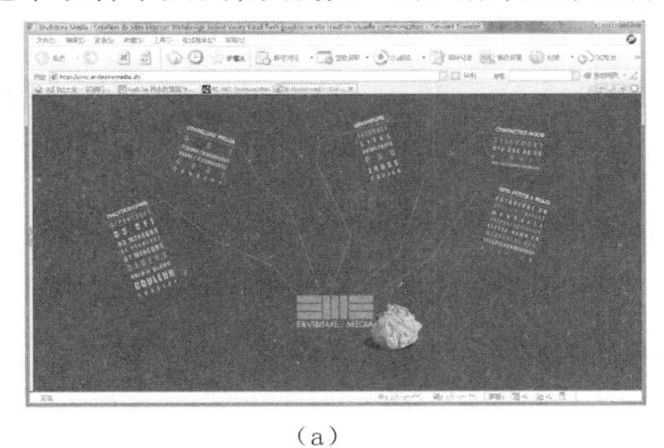

(a)

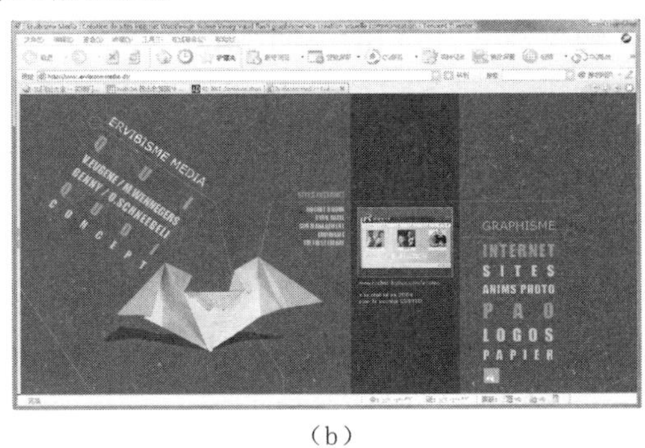


(b)

图 1 –3 –8

3. 网站地址：www. sectionseven. com

网站色调：灰色、黑色，使用少量彩色。

如图 1 –3 –9 所示，网站页面设计使用了翻阅书本的动态效果，令浏览用户印象深刻。下载页面的设计很有特点，创意性强。色调控制沉稳。

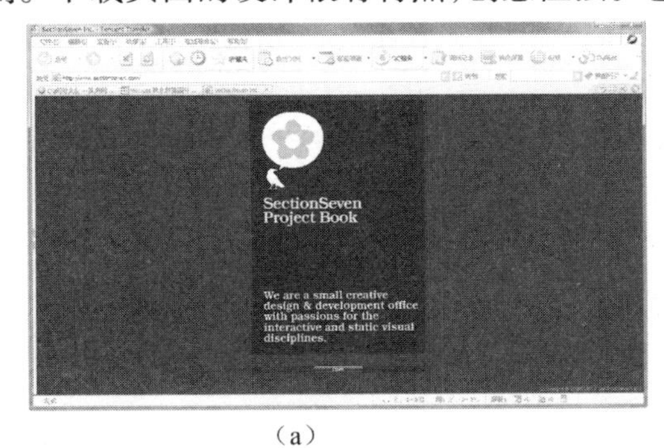


(a)

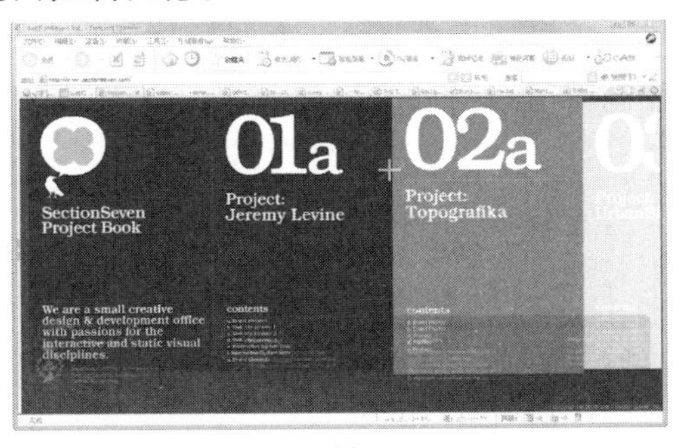


(b)

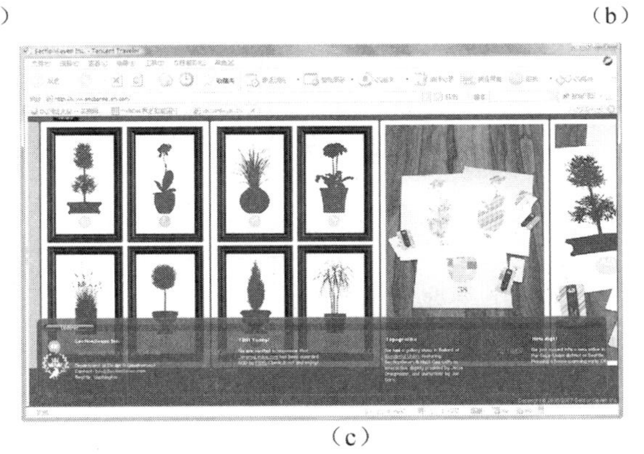

(c)

图 1 –3 –9

4. 网站地址：www. oasim. com

网站色调：白色、有彩色、风格体现活泼有趣。

如图 1－3－10 所示，网站页面设计风趣幽默，四个不同颜色并系着领带的方砖头起到串联页面的作用，引领浏览用户走遍网站的每个页面，使浏览者不知不觉融入情境之中。创意性强，色彩活泼明亮。

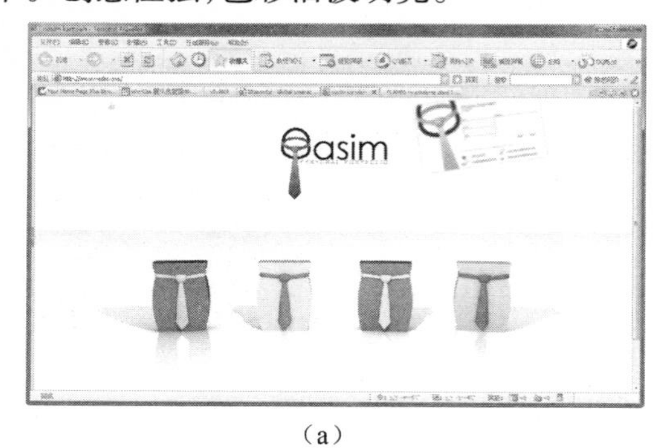


（a）

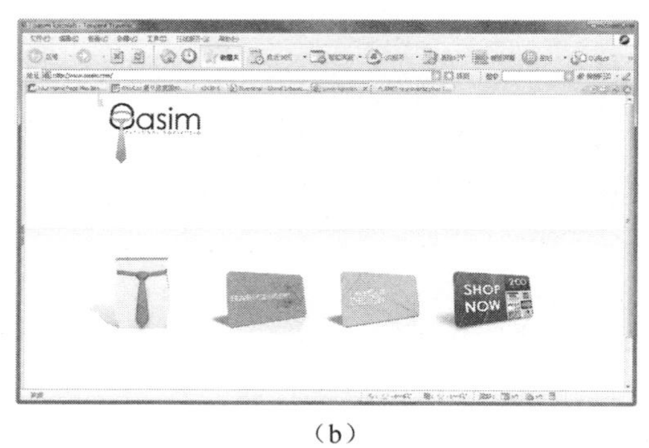


（b）

**图** 1－3－10

5. 网站地址：www. orbitalvirtual. com

网站色调：蓝色。

如图 1－3－11 所示，网站页面设计从 loading 下载页面开始就非常有特色，视听元素背景音乐设计得也很棒。页面整体风格通过蓝色调、个性鲜明的照片组成，网站的整体风格控制得很好。

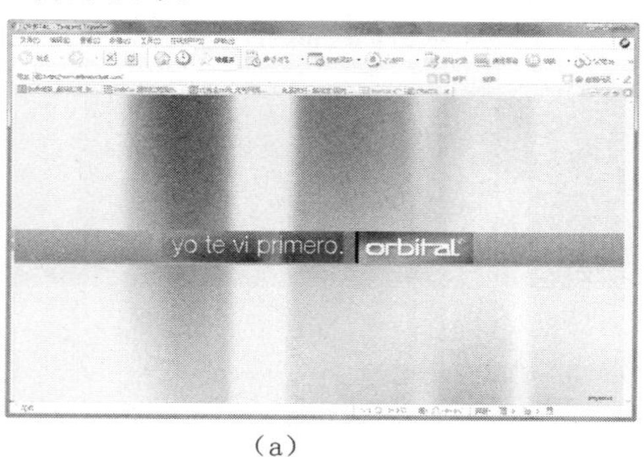


（a）

（b）

**图** 1－3－11

## 思考练习

1. 网页设计中必须注意的基本原则有哪些？
2. 如何准确地传达网站页面信息内容？
3. 优秀的网页设计至少需要做到哪两点？

## 单元要点归纳

任务 1 全面介绍了网页美工设计的主要内容,包含网站页面信息结构的链接方式、网页美工设计中的基本元素(导航设置、文字、色彩、图形图像、视听元素等)及各类元素在网站页面中的编排等。同时,梳理总结了网页美工设计中比较容易出现的问题和避免这些问题的方法,为后面的网页美工设计方法奠定基础。

任务 2 主要讲述了建设网站的整体设计流程及其重要性,网站前期建设调研、分析、定位的重要性,网站域名注册需要注意的问题,组织网页具体内容时的规范要求等。同时,介绍了网站页面美工设计师需要掌握的基本技能,包括美术设计基础和软件技术基础。

任务 3 从互联网网站设计的总体发展趋势、浏览用户的阅读规律等角度,分析了网站页面设计过程中必须注意的基本原则,对于准确传达网页内容信息给出了规律性建议,为网站页面美工设计做出基础性指导。

# 第二单元　网页美工设计原理及方法

## 单元概述

前面我们已经简要叙述了一个优秀的网站页面所需要的设计元素，如图形、图像、文字信息、版式编排、色彩、网页布局、整体设计风格等。掌握了这些设计基本要素及其设计方法，才能够设计出有视觉吸引力、个性鲜明独特的网页。

本单元将详述网站页面美工设计中图形（图像）、文本信息、色彩、版式编排的设计原理和设计方法，将网页美工设计细节展现在读者面前。

## 单元目标

通过本单元的学习，系统而有效地学习网站页面美工的设计原理及设计方法；熟练掌握网页基础要素的设计原理和设计方法；结合前面章节学习网站整体风格定位、页面系统规划等知识，能够游刃有余地进行网站整体设计工作。

# 任务1 网页美工图形(图像)设计原理及方法

## 任务概述

网站页面美工设计中图形(图像)是非常重要的页面基础设计元素。与网页中的文字和色彩相比,图形(图像)在网页中的应用更加直观和生动,能够烘托网站气氛,更易于把文字信息无法表达的内涵表现在页面上,也更容易被浏览用户理解和接受。

本任务较为详细地阐述了网站页面设计中图形(图像)的七种处理手法、图形创意的重要性及练习方法、网页图形(图像)的版式结构设计、网页中图文结合的编排方法及网站页面设计中能够使用的图形(图像)格式。

## 任务目标

- 能够深入了解网站页面中图形(图像)元素的设计原理
- 熟练掌握网站页面中图形(图像)的处理方法
- 能设计具备视觉感染力、充满创意的网站页面

## 学习内容

图形(图像)在视觉传达设计的各类元素中属于最为直观、表达情感最为直接的元素,图形(图像)的对称、比例、对比、大小、渐变、明暗等手法变换组成的页面能给浏览者传达最为直观的感受,并使网站页面更加美观、有趣味性、视觉张力更强。同时,图形(图像)也是传达信息的重要手段,可以将文字信息无法表达充分的部分更加感性的传播给网页浏览用户,更易于浏览者理解和接受。

**一、图形(图像)元素在网页中的设计方法**

在网站的页面美工设计中,根据网站定位风格,处理图形(图像)视觉元素的外形与边缘、数量、大小以及与背景的关系,是设计师需要关注的主要设计方法。

(一)图形(图像)的外形及边缘处理

网站页面设计中,与视觉传达设计中图形(图像)的外形处理手法相类似,外形分规整几何形态(方形、圆形、三角形、多边形等)和自由形态两种。规整的几何外形中,方形外形图片的视觉感受为稳定、严谨、严肃;圆形外形图片的视觉感受为圆滑、亲切,随着圆形外形图片的大小排列等编排,还能产生或稳重或活泼的视觉效果;三角形外形图片的视觉感受为尖锐、锋芒毕露、刺激；多边形外形的图片则会随着直线边缘的增加而使画面感受有细微的差异，总体来讲，多边形外形图片的视觉感受是优雅、有细节；自由形态，包含退底图外形的图片相比之下会更加生动、活泼、自由、亲切。

网页图形（图像）元素的边缘处理分为柔边边缘形和实边边缘形两种。在网站页面设计中使用图形（图片）元素是为了渲染网站气氛，增加视觉的表现力，柔边边缘处理的图片一般视觉感受与背景融合度高、细腻生动、内涵更加丰富；实边边缘处理形式，则能够传达利落干脆、严谨务实、现代直率等风格感受。如图2－1－1、图2－1－2所示。

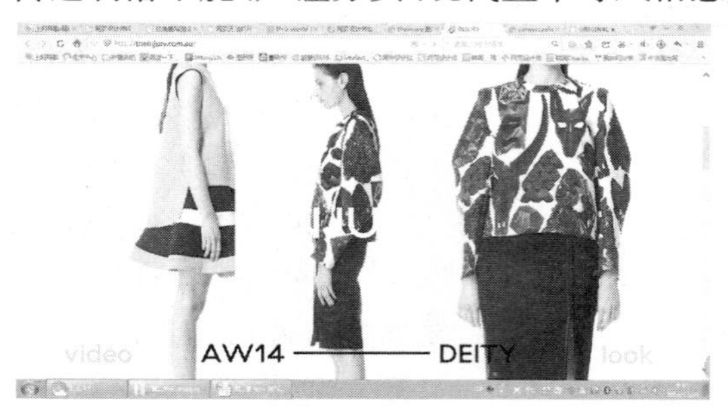


图2－1－1　退底图形的使用（一）

图2－1－2　退底图形的使用（二）

因此，在进行网站设计时，图形（图像）的选择需要根据网站定位风格来确定。在前期的调研分析定位环节，确定好网站的设计风格类型，选择适合的图形外形或者边缘处理方式，能够更好地烘托网站的气氛。如图2－1－3所示。

图2－1－3　图片的选择

（二）图形（图像）在网页中的数量

网站页面设计中图形（图像）在页面中的数量多少，是根据网站页面的具体需求来确定的，尽量精简，不要随意增加。在网页中，只使用一幅图形（图像），能够使页面视觉感受安定、稳重，突出画面内容；使用多幅图形（图片），能够使网页页面视觉感受丰富、活跃，形成视觉元素的对比、呼应、比例等协调关系。但如前所述，网站页面浏览受限于互联网浏览速度，而高质量高清晰度的大体积图形（图像）会降低页面浏览下载速度，即使是体积较小的图形(图像),在网站页面中使用数量过多的话,同样会使页面浏览下载变得缓慢。

如图2－1－4所示,整齐排列、大小一致的多数量图片,使版面传达出深具秩序感和现代感的页面;如图2－1－5所示,小图与大图的和谐关系,传达出丰富的信息量。

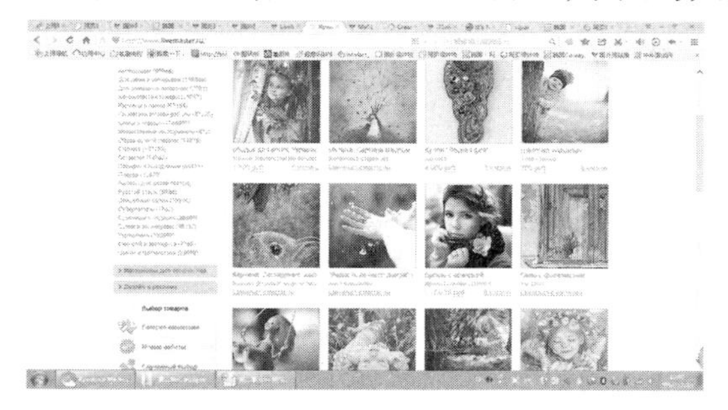

图2－1－4　图片的数量(一)

图2－1－5　图片的数量(二)

(三)图形(图像)在网页中的面积大小

网站页面中图形(图像)占面积的大小,显示了图形(图像)的重要程度。一般来说,在页面中占据较大面积的图形(图像)比较容易形成视觉焦点、直观感染力较强、所传达的情感也较为强烈;网站页面中占据面积较小的图形(图像)则经常会穿插在文字信息中使用,图文结合,使页面视觉感受精致简洁、轻松优雅、起到点缀页面、呼应页面主题的作用。

页面中图形(图像)的面积大小和数量,不仅可以决定画面的主从关系,还控制着页面图形(图像)元素的运动与均衡的视觉感受。图形(图像)的大小比例较大时,能够使页面的主体形象更加突出,给人跳跃感;图形(图像)大小比例较小时,页面感受相对比较安静、稳定、优雅。在网站页面设计中,图形(图像)元素的穿插组合层级分明、大小面积比例恰当时,才能呈现出最佳的图形页面视觉效果。

如图2－1－6所示,满屏的图片非常有力地渲染了气氛;如图2－1－7所示,放大的主体形象既突出了大小对比又增强了画面的亲和力。

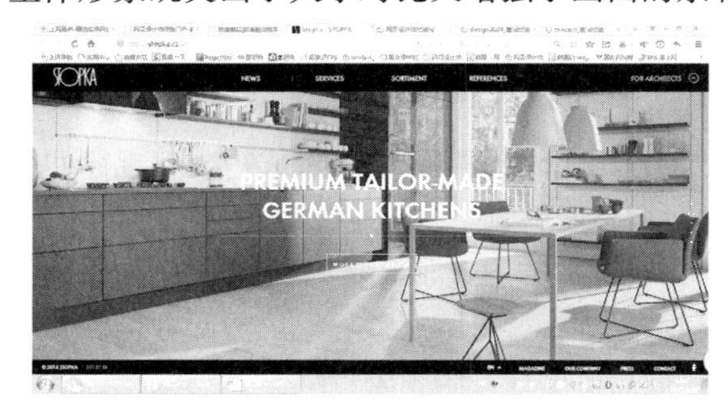


图2－1－6　图片的选择(一)

图2－1－7　图片的选择(二)

(四)图形(图像)在网页中的图底关系

网页图形(图像)与背景是对比与统一的关系,即图形(图像)与背景在和谐统一的基础上,应存在一定的对比,以使主要图形(图像)更加突出。如光洁的金属球体以粗糙的岩石为背景,明亮的文字以深邃的星空为背景。使用没有背景或陪衬物的退底图形(图像），周围留出大面积空白，也会起到突出主体形象的作用。

如图 2－1－8 所示，运用大面积留白的技巧，突出主体图形。

图 2－1－8　图底关系举例

（五）图形（图像）文件的体积

网页中的图像质量不需要很高，因为网页中的图像最终在计算机的显示器上显示，受显示器最小分辨率的限制，一般分辨率为 72 dpi 是网页图像的最佳选择；对颜色深度来说，8 位（256 色）或 24 位在多数情况下就已足够。另外，网页中的图像需要适合网络传输的要求，受到带宽的限制，其文件尺寸在一定范围内越小越好。

（六）图形（图像）的优化处理

优化网页中的图像首先要使用高质量的原始图像，通过减小图像的尺寸、分辨率和颜色深度来优化处理。既要求图像质素高，又要文件量少，往往存在矛盾。我们可以在不同设置下输出图像，比较其屏幕显示效果，选出符合视觉要求且尽量小的图像文件。另外，虽然在 HTML 中可以重新设定图像的尺寸大小，但将低质量的图像放大会影响视觉的精度要求，出现马赛克；而对过大的图像进行缩小，由于文件量不变，网页的下载速度不会变快。

所以，在前期设计网页版面布局时尽量设置好图像的长宽，需要多大的尺寸就制作相应尺寸的图像。

## 二、创意性图形（图像）在网页设计中的重要性

创意是一种想象，一种无止境的联想，是一个发展中的概念。

图形创意是指以图形为造型元素的说明性图画形象，经一定的形式构成和规律性变化，赋予图形本身更深刻的寓意和更宽广的视觉心理层面的创造性行为。在图形设计中，“创意”就是指将创造性的意念转化成具有创新精神的设计形式的思维过程。图形创意是网页图形设计的核心，要求放弃思维方式上的习惯思路，不循常规地思考问题。好的网页图形设计是意料之外，情理之中，既符合逻辑又超出常人的想象；在构思上视点独到，立意巧妙，既说明问题又寓意深刻。

如图 2－1－9 所示的网页中，歌手衣服上的纹样与背景中的树枝融合为一体，充满魔幻色彩；如图2－1－10所示，整个页面中用了一张穿牛仔裤的屁股照片，出人意料的图片角度引起浏览者强烈的好奇心。

图 2－1－9 网站页面中的图形创意(一)

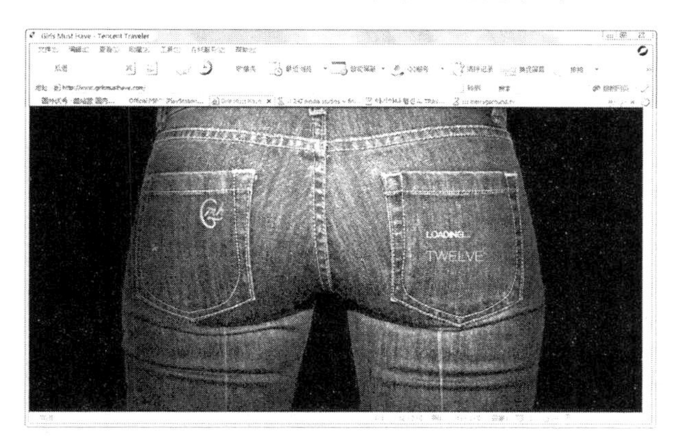


图 2－1－10 网站页面中的图形创意(二)

(一)图形创意的开始——联想

想象的空间是无限的，甚至是漫无边际的。但分析总结，仍将想象分为两种：形象联想和意象联想。

1. 形象联想

形象联想是人的本能反应，很直接，就是由一种物象的造型而引发的与之相似的形态的物象联想，源于人的感性认识。

2. 意向联想

意象联想是抛开表面不相干的事物的外形表层，通过它们之间某种本质上的共性而引发的联想，源于人的理性认识。如同文学上的比喻，将人们熟知的、公认的物质特性转接到要说明的物质上，以此来更形象、更生动地传递被说明物质的某方面特性。

3. 联想的方式

联想的方式包含相近联想、相似联想、相对联想、因果联想等。

相近联想：在空间或时间上接近的事物形成的联想。

相似联想：有相似特点的事物形成的联想。

相对联想：有对立关系的事物形成的联想。

因果联想：有因果关系的事物形成的联想。

（二）图形创意的方法

通过图形强调独创性，通过创意联想，对来自生活中的创意元素加以创造性改造，关键在于形的连接与相互转化，同时重视创意上的艺术性和内在联系。

1. 同构图形

通过不同性质的物形间非现实的整合，制造出奇特的视觉效果，显示新的非逻辑关系，从而突破原来物形意义的局限，产生新的意义的方法，即是同构图形。

①异形同构：将不合逻辑的物质通过其造型的相近性非现实地联系成一个整体，传达出某种特定的信息和不同质间的关系，从而创造出新的意义和价值。这里同构的前提是不同物形间存在潜在的形态联系的可能性和具有联系的意义，不可进行生硬的或盲目的连接。如图 2 – 1 – 11 所示，人的头发与树枝进行了异形同构，呈现出人与自然不可分离的紧密关系。

②换置同构：又称偷梁换柱，意指将组成某物质的某一特定元素与另一种本不属于其物质的元素进行非现实的构造，传达出新的意义。这里替代置换的物质和物质局部的原来造型应有一定的形象相像性，通过奇妙异常的组合，引发新视觉、新意义。如图 2 – 1 – 12 所示，灯芯用树代替，直接而形象地表达出节约能源的概念。

③异质同构：物质都有自己固定的材质，如树是木质的、书本是纸质的、酒瓶是玻璃材质的，这些都是不可改变的客观现实。但我们在设计中根据意念可将一种物体的材质嫁接到另一种完全不同的物体上去，从而使两种物体发生关系，使原本平淡无奇的形象因为材质的改变而变成新异的视觉图形。如图 2 – 1 – 13 所示，树皮与乐器同构在一起，其中的嫩叶象征了新生代的音乐人。

图 2 – 1 – 11　异形同构

图 2 – 1 – 12　换置同构

图 2 – 1 – 13　异质同构

2. 异影图形

在创意设计中，利用影子现象作为创意元素，并与客观现实的影子产生冲突，强调视觉上变化和意念的深刻转变，它往往表现为对一个物体的影子进行艺术处理。通过把原物体的影子变化成为与之相反或相关的另一物体的影子，它们之间除了形的相似之外还具有必然的内在联系。这时的影子往往是创意中心所在，富有深刻的寓意，并给人以联想的空间和视觉上的冲击。如图 2 – 1 – 14 所示，一个法西斯的标志在光影之下投射了一个异样的恶影——一个十字架坟墓，以纪念世界反法西斯战争胜利五十周年。

3. 正负图形

也称反转图形，指正形和负形相互借用，相互依存，作为正形的图和作为负形的底可以相互反转。如图 2－1－15 所示，白人脚底下踩着一个黑人的侧脸，表达了针对种族歧视的气氛。

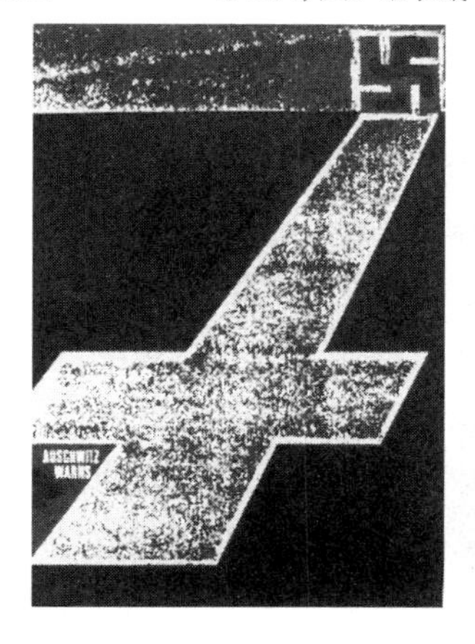


图 2－1－14 异影图形

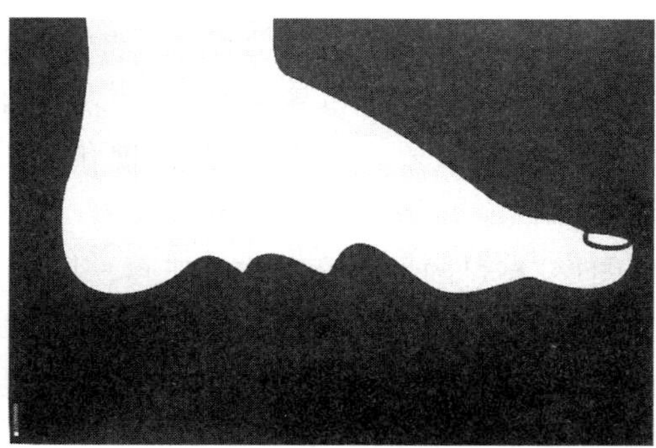

图 2－1－15 正负图形

4. 共生图形

共生图形是指两个或两个以上的形象共享用于一个空间，同一边缘轮廓，相互依存，构成缺一不可的统一体，共生图形是以一个主要图形派生出其他新图形元素，所派生出来其他新的元素往往是创意的中心内涵所在，是整个创意的亮点。如图 2－1－16 所示，画面中轻松地将不同的视觉元素融合在一起，塑造出轻松愉快的氛围。

5. 双关图形

双关图形是指一个图形可以同时解读为两种不同的物形，并通过这两种物形之间的联系产生意义，传递高度简化的视觉信息。如图 2－1－17 所示，两位演奏的乐手恰到好处地组合构成整个人物图形的脸孔。

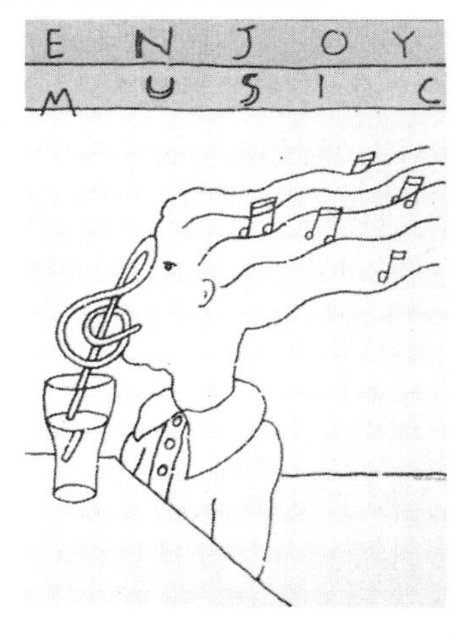


图 2－1－16 共生图形

图 2－1－17 双关图形

6. 聚集图形

在图形设计中，我们也可将单一或相近的元素造型反复整合构成另一视觉新形象。构成图形的单位形态元素多用来反映整合形象的性质特点，以强化图形本身的意义。如图 2 – 1 – 18 所示，用酒瓶构成的轮胎，如同爆破的飞轮，酒后驾车的危害一览无余。

7. 无理图形

无理图形用非自然的构成方法，将客观世界人们所熟悉的、合理的、固定的秩序，移置于逻辑混乱、荒诞反常的图像世界之中，目的在于打破真实与虚幻、主观与客观世界之间的物理障碍和心理障碍，在显现不合理、违规和重新认识的物形中，把隐藏在物形深处的含义表露出来。

①反序图形：有目的地将客观物象进行秩序的错乱、方向的颠倒等处理，从而表达出新的寓意。如图 2 – 1 – 19 所示，眼镜腿的反向处理，带给人们更多的哲理思考。

②无理图形：事物都有真实的客观存在，但作为艺术创造，我们可以对现实进行大胆的想象，将不现实的化为现实，将不可能的化为可能，将不相关的化为相关。如图 2 – 1 – 20 所示，简单的线条连接着不同的形体，显现着不可能的趣味组合。

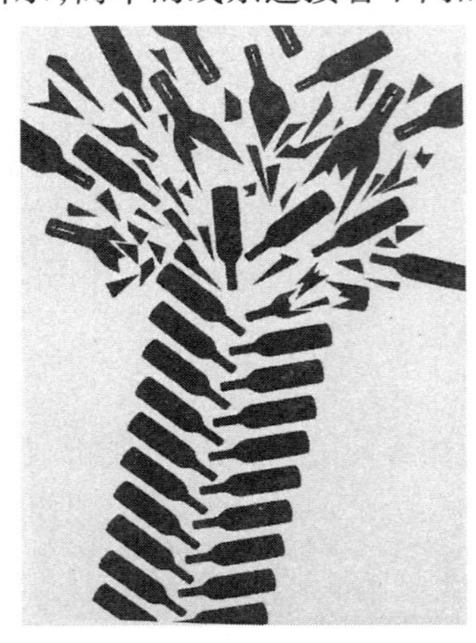

图 2 – 1 – 18　**聚集图形**

图 2 – 1 – 19　**反序图形**

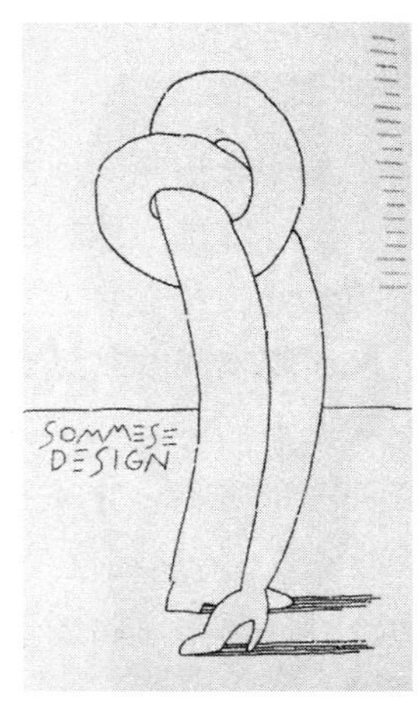


图 2 – 1 – 20　**无理图形**

③矛盾空间：在二维平面上表现三维现实空间不可能存在或不可能再现的想象空间。这种想象创造了非真实的视觉幻想，富有情趣。如图 2 – 1 – 21 所示，表现了人、建筑、楼梯与空间的矛盾关系。人沿楼梯由下而上前进，经过几个转折点，很自然地又从上面回到了出发地。一会儿是向上走，一会儿是向下走，完全没有一个固定的方向，从多角度皆可看到物形组合在一起的矛盾性。

8. 渐变图形

渐变图形是指基本形态或骨骼规律性的、循序的、按形式美法则的变化，这种变化多以节奏、韵律、图像的异态发展而完成其过程。如图 2 – 1 – 22 所示，树木和鸟形正负交替渐变地融合在一起。

图 2－1－21　矛盾空间

图 2－1－22　渐变图形

9. 减缺图形

减缺图形即用单一的视觉图像去创作简化图形，使图形在减缺形态之下，仍能充分体现其造型的特点，并利用图形的减缺、不完整，强化想要突出的主题特征。如图 2－1－23 所示，我们只是看到书的厚度质感，书的封面已和背景融为一体了，但书的特征清晰可见，以此来体现书源于社会的广泛性和反映社会的包容性。

10. 文字图形

就是通过对文字结构的分析、研究，重新进行形态的重组与变化，使其与所要表达的字意相协调一致。如图 2－1－24 所示，英文构成琴键的造型。

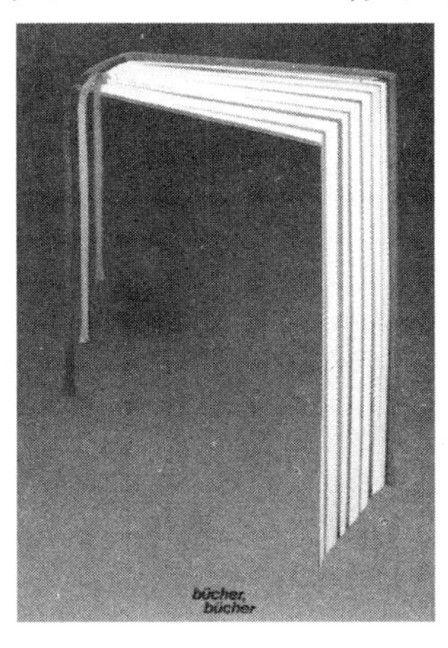


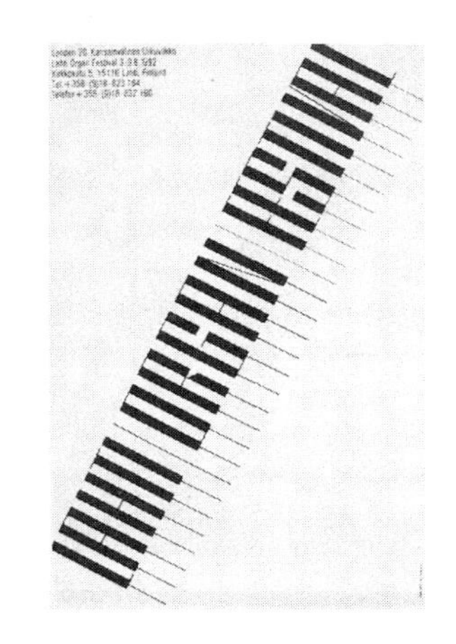

图 2－1－23　减缺图形　　　　图 2－1－24　文字图形

## 三、图形（图像）元素在网页设计中的编排

### （一）图形（图像）在网页中的编排方法

图形（图像）的编排，是将图形（图像）与字体、色彩有机结合起来，形成主题突出、和谐统一的网页视觉效果。

1. 四角与中轴四点结构

页面四角、对角线、水平与垂直的中轴线及中轴线四点，组成了基本的页面结构。

页面四角，是页面边界相交形成的四个点，把四角连接起来的斜线就是对角线，交叉点为页面中心。中轴四点，指经过页面中心的垂直线和水平线的四个端点，这四个点可以上、下、左、右移动。通过四角与中轴四点结构的不同组合、变化，可以获得多变的页面结构。在图形（图像）排版时以这八个点为基础进行组合，可以获得较好的形式美感，网页的版式设计、视觉流程的筹划也会得到相应简化。如图 2－1－25 所示。

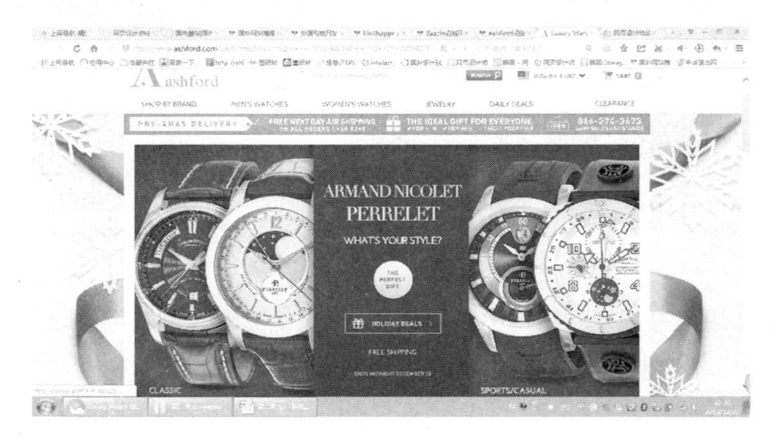


**图 2－1－25　四点结构**

2. 块状组合与散点组合结构

块状组合，即通过水平线分割、垂直线分割及组合线分割等方式，将多幅图形（图像）在页面上整齐有序地排列成块状。这种结构具有强烈的整体感和秩序感。图形（图像）间的这种相互自由叠置，或分类叠置而构成的块状组合，具有轻快、活泼的特性，同时也不失整体感。

散点组合，即图形（图像）分散排列在页面的各个部位，具有自由、轻快的感觉。采用这种结构应注意图形图像间的大小、主次关系，以及方形图、退底图和出血图之间的配置。另外，在散点组合中还应考虑疏密、均衡、视觉流程等因素。

如图 2－1－26 所示，块状的分隔方式使画面主次分明；如图 2－1－27 所示，水平的分隔让画面平稳流畅；如图 2－1－28 所示，运用曲线的形式进行画面分隔，使页面有了动感和时尚的感受。

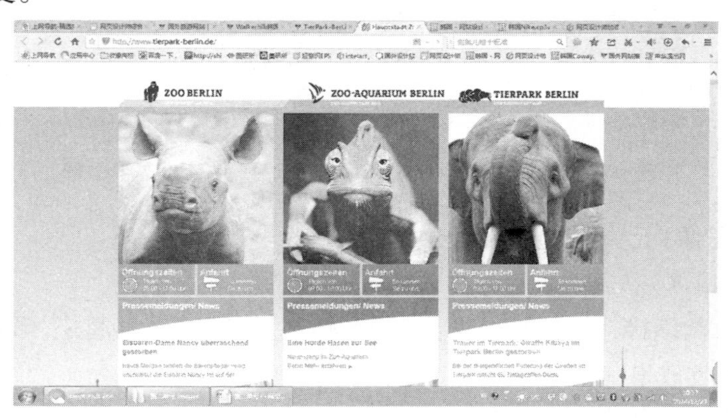


**图 2－1－26　块状分割结构**

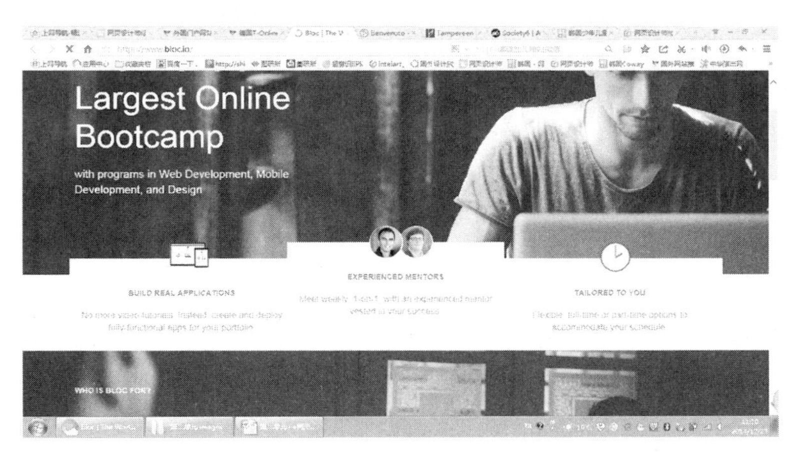


图 2－1－27　水平分割结构

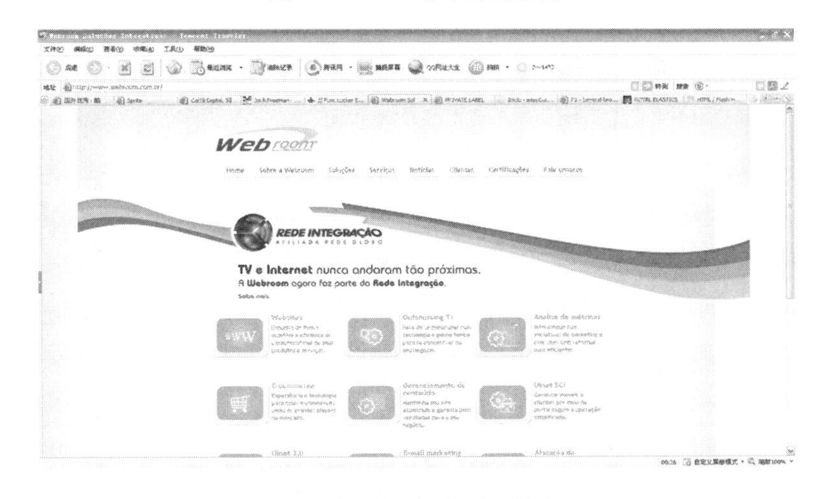


图 2－1－28　曲线分割结构

（二）网页中图形（图像）与文字的混合编排

网页设计不是图文排版那么简单，如何处理好图片与文字的关系是网页美工设计的重要方面。图片是较为直观的设计要素，它有助于加深我们对特定信息的理解，也能够弥补由枯燥文字所带来的视觉缺陷。图片不只是装饰性的点缀，它可以帮助传达相关内容，所以在选图时应该选与整个网站有关联性的图片。

1. 网页设计中文字和图片的关系

在网页制作中，文字和图片是相互补充的视觉关系。它们都需要同时展示给浏览者，页面上的文字太多，会显得沉闷、缺乏生气，枯燥无味；页面上的图片太多，缺少文字，必然会减少页面的信息容量。

处理网页中文字与图片的关系时，我们要根据页面内容的需要，来确定该页是以文字还是图片为主。如果以图片为主，则让它成为视觉中心，摆放在显要的位置以突出图片，文字为辅，用来说明图片；如以文字为主，图片则应起烘托作用，并要注意在安排版面时，对起辅助作用的图片加以弱化，以使它们在视觉上形成主次关系。

另外，要注意阅读流向中文字与图片之间的节奏编排，考虑什么时候阅读，什么时候看图片。掌握阅读的节拍，给浏览者带来视觉上的享受。文字与图片只有密切配合，互为衬托，才能获得更好的效果。

2. 图文混排的版式设计

网页的版式设计又称构图设计，是指在一定规范内进行布局和安排，选择合理的、主次分明的、生动的、富有美感而易于辨认、便于阅读的图片、语言和文字，将其要宣传的主题传达出去。熟练地掌握和应用版式设计的一般美学法则，可以使网页设计最大限度地吸引人。

网页版式的类型有很多，主要有骨骼型、满版型、分割型、中轴型、曲线型、倾斜型、对称型、焦点型、三角型、自由型共十种。

（1）骨骼型

网页中的骨骼型版式是一种规范的、理性的设计形式，类似于报刊的版式。常见的骨骼有竖向通栏、双栏、三栏、四栏和横向的通栏、双栏、三栏和四栏等。一般以竖向分栏为多。这种版式给人以和谐、理性的美。几种分栏方式结合使用，显得网页既理性、条理，又活泼而富有弹性。如图 2－1－29、图 2－1－30、图 2－1－31 所示。

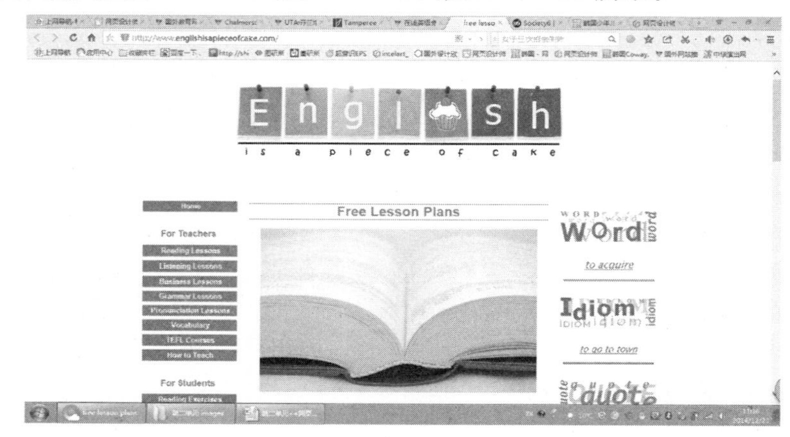


图 2－1－29　骨骼型版式（一）

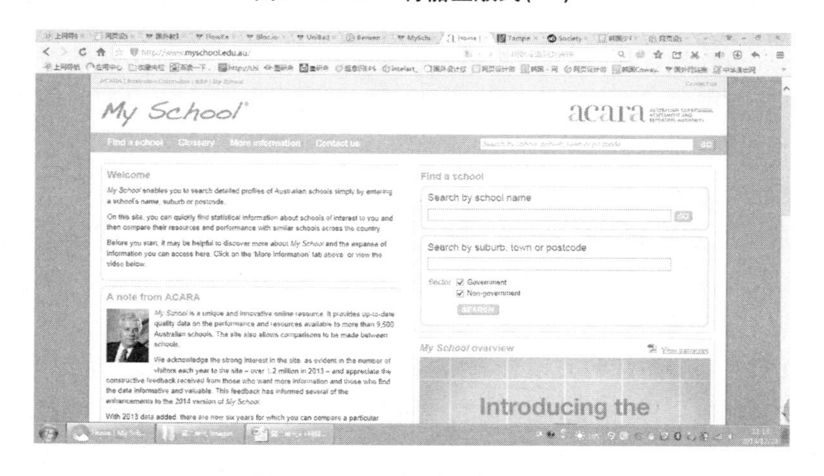


图 2－1－30　骨骼型版式（二）

图 2-1-31 骨骼型版式(三)

(2)满版型

页面以图像充满整版。主要以图像为诉求点,将少量文字压置于图像之上。视觉传达效果直观而强烈,给人以舒展、大方的感觉。美中不足的是,当前网络宽带对大幅图像的传输速度较慢,这种版式多见于强调艺术性或个性的网页设计中。

图 2-1-32 满版型版式(一)

如图 2-1-32 所示,大面积的图片配以文字,视觉效果强烈;如图2-1-33所示,满版的出血大图,给人以强烈的视觉冲击。

图 2-1-33 满版型版式(二)

(3)分割型

分割型版式设计，是把整个页面分成上下或左右两部分，分别安排图片和文案。两个部分形成明显的对比——有图片的部分感性而具活力，文案部分则理性而平静。设计实践中，可以通过调整图片和文案所占的面积来调节对比的强弱。如图 2－1－34 所示，为左右分割型页面；如图 2－1－35所示，为上下分割型页面；如图 2－1－36 所示，色块把页面分隔得自然和谐；如图2－1－37所示，分割线的运用使导航得到了强调。

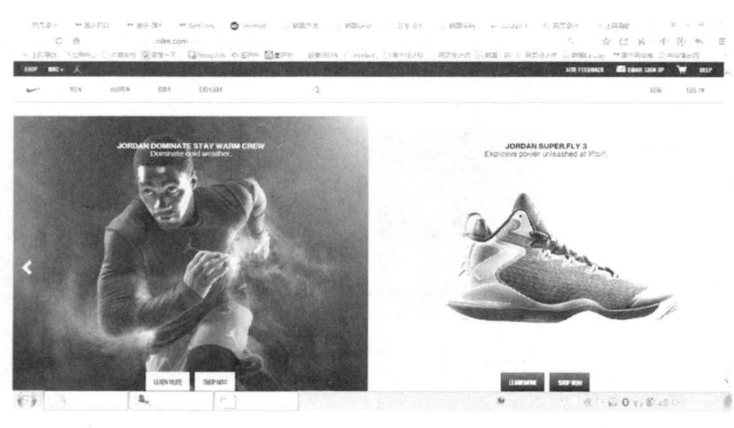


图 2－1－34　分割型版式(一)

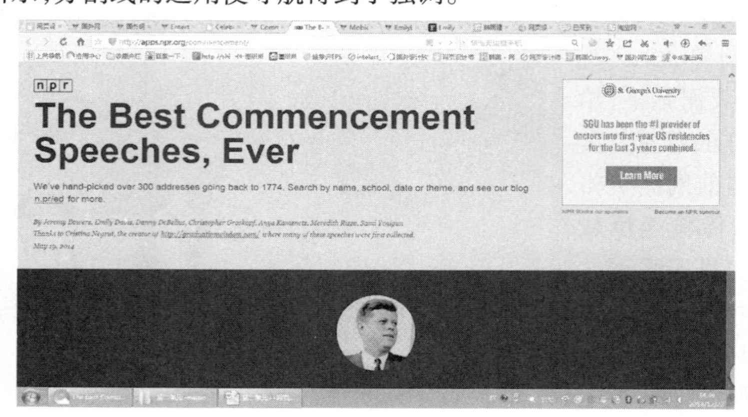


图 2－1－35　分割型版式(二)

图 2－1－36　分割型版式(三)

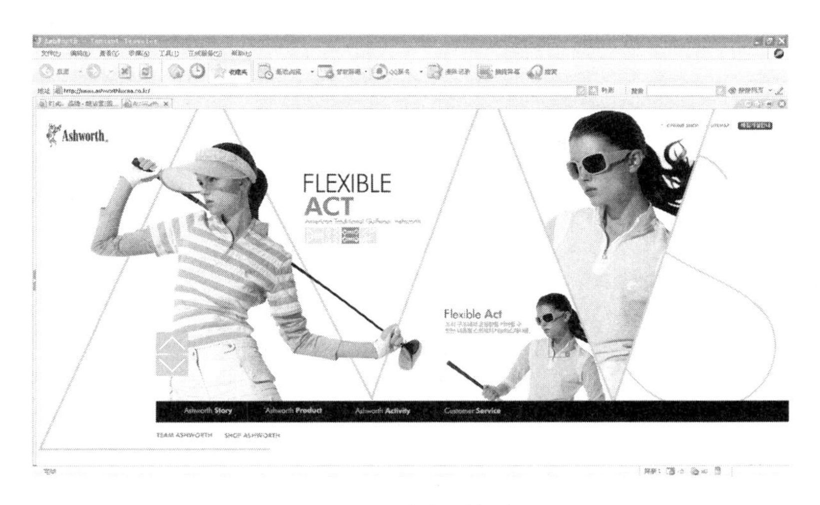


图 2－1－37　分割型版式(四)

(4)中轴型

中轴型版式是沿页面的中轴将图片或文字进行水平或垂直方向的排列,水平排列的页面,给人稳定、平静、含蓄的感觉;垂直排列的页面,给人以舒畅的感觉。如图2－1－38所示,水平的中轴线营造了静谧的空间。

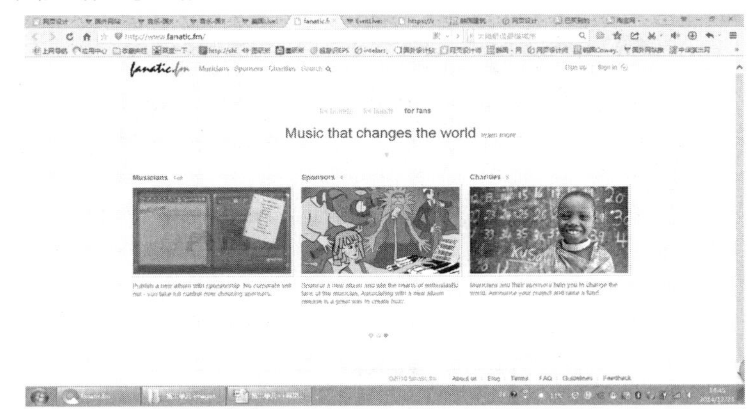


图 2－1－38　中轴型版式

(5)曲线型

曲线型版式,是图片或文字在页面上作曲线的编排构成。这种编排方式能产生韵律感与节奏感。如图 2－1－39 所示,运用曲线产生的视觉效果,使画面柔和而时尚,产生了节奏感。

(6)倾斜型

倾斜型版式,是将页面主题形象或多幅图片、文字进行倾斜编排。它能造成页面强烈的动感,引人注目。如图 2－1－40 所示。

(7)对称型

对称型的页面版式,给人以稳定、严谨、庄重、理性的感受。如图 2－1－41所示,相对对称的版式设计、多变的色彩组合使页面稳重而不乏时尚感。

图 2－1－39　曲线型版式

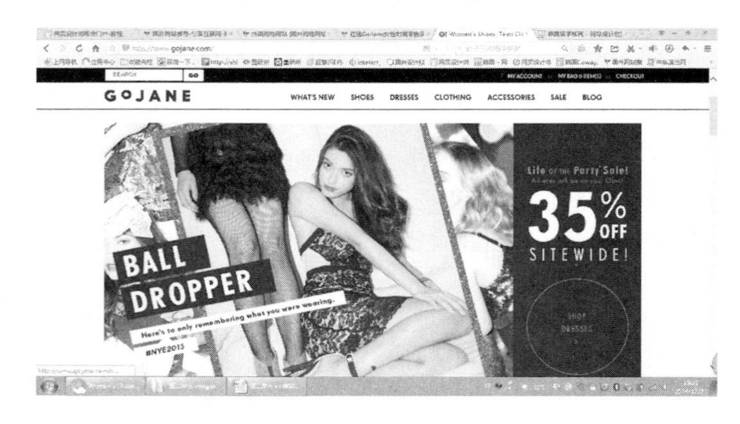


图 2－1－40　倾斜型版式

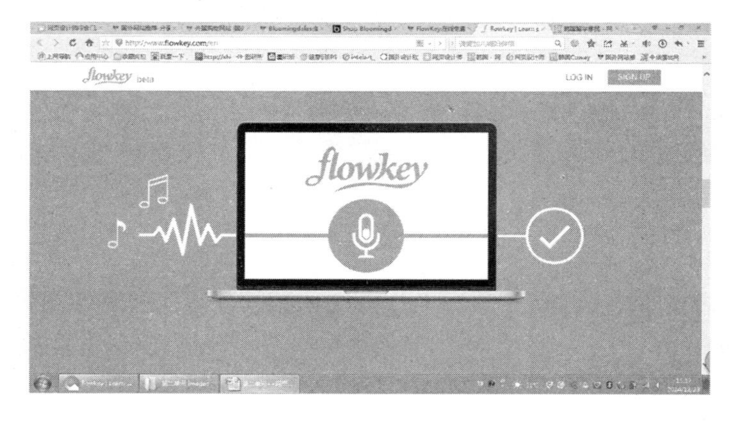


图 2－1－41　对称型版式

(8)焦点型

焦点型的网页版式，通过对视线的诱导，使页面具有强烈的视觉效果。焦点型版式分三种情况。

①中心焦点型。以对比强烈的图片或文字置于页面的视觉中心。如图 2－1－42 所示。

图 2－1－42 中心焦点型版式

②向心焦点型。视觉元素引导浏览者视线向页面中心聚拢，就形成了一个向心的版式。向心版式是集中的、稳定的，是一种传统的手法。如图 2－1－43 所示。

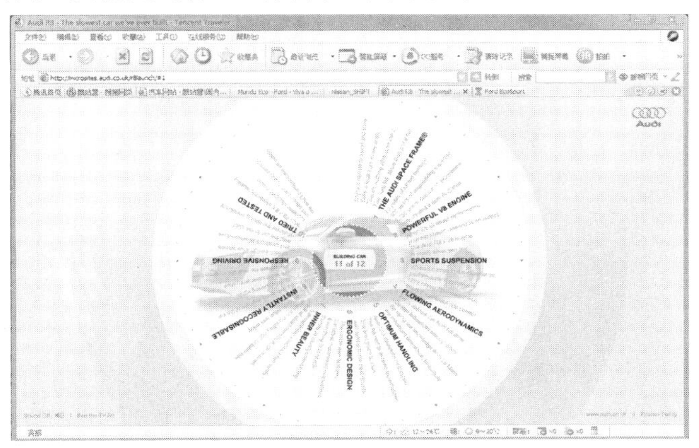


图 2－1－43 向心焦点型版式

③离心焦点型。视觉元素引导浏览者视线向外辐射，则形成一个离心的网页版式。离心版式是外向的、活泼的，更具现代感，运用时应注意避免凌乱。如图 2－1－44 所示。

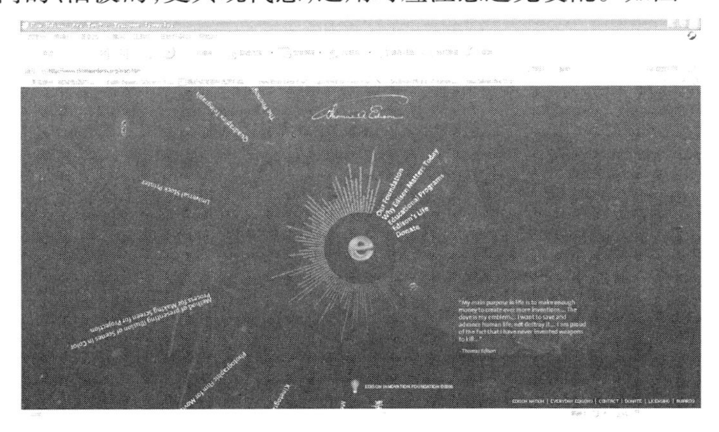


图 2－1－44 离心焦点型版式

(9)三角型

这种版式是网页各视觉元素呈三角形排列。正三角形(金字塔型)最具稳定性;倒三角形则产生动感;侧三角形构成一种均衡版式,既安定又有动感。如图 2 - 1 - 45 所示。

图 2 - 1 - 45　三角型版式

(10)自由型

自由型的页面具有活泼、轻快的风格。如图 2 - 1 - 46 所示。

图 2 - 1 - 46　自由型版式

## 四、图形(图像)元素在网页设计中的色彩控制

在网页设计过程中页面背景尽量少用灰暗、深沉的色彩(除非特殊需要),一定要根据页面主题来选择主色调。

电脑显示器的颜色属于光源色,是基于 RGB 三原色的色彩原理。也就是说,显示器中的所有颜色都是通过红色(Red)、绿色(Green)、蓝色(Blue)这三种颜色的混合、叠加来实现的,这种颜色的混合原理称为加色法混合。而 CMYK 印刷颜色混合原理属于减色法。基于 HTML 语言的网页色彩只能解析显示 RGB 色彩,而不支持 CMYK 色彩。如果在网页制作时使用了 CMYK 色彩模式的图片,即使是 JPEG 格式的图片在互联网上也将无法显示。这在制作网站前的色彩规划中尤为重要。对于网络中图片的编辑，RGB 色彩模式是最佳的色彩模式，它可以提供全屏幕 24 bit 色彩范围，即真彩色显示。

## 拓展提高

### 图形（图像）在网页设计中的文件格式

前面章节中简略介绍了图形（图像）的格式，在此进行详细的介绍。图形（图像）是以数字文件的形式存储在计算机上的，格式多样。Web 通常使用两种图形（图像）格式：GIF 和 JPEG；还支持另两种格式：PNG 和 MNG 格式，不过应用得相对少一些。

1. GIF 格式

GIF，全称图形交换格式，是英文 Graphical Interchange Format 的缩写。它是由 CompuServe 公司开发的图形图像格式，主要用于互联网上的图形（图像）交流。GIF 图形（图像）格式是一种无损压缩的图形（图像）格式，对于颜色画面简单的图形（图像）有非常高的压缩率。

使用该格式减少图形（图像）文件尺寸时，不会丢失原始图形（图像）的任何信息。而且，这种压缩算法比较简单，解压缩的速度很快，很适合在网页上显示。因此，GIF 格式在网页中得到了广泛的应用。

GIF 的优点还有支持透明（Transparency）和交错（Interlaced）模式，支持 GIF89a 动画格式等。

透明模式是一种图形（图像）的透明部分能够透出背景色的模式，这种模式可以去掉图形（图像）比较生硬的矩形边框，使图形（图像）更好地融合到网页页面中。

交错模式是将图形（图像）装载到浏览器窗口的显示方式。普通的图形（图像）是从上到下逐行显示的，在显示完毕之前，浏览者无法了解图形（图像）的全貌。设置了交错模式的 GIF 图形（图像）则是隔行显示的，使浏览者不必等图形（图像）全部传输完就可以看到图形（图像）的大致轮廓。

对于简单的 Web 动画来说，GIF89a 动画是最容易掌握的技术。GIF89a 动画包含一系列的帧，每一帧就是一幅图形（图像）。此外，还包含一些播放动画的参数，如延迟时间、循环顺序等。浏览器从动画文件中读取各帧图形（图像），然后根据播放参数在浏览器窗口循环显示，形成动画效果。

GIF 格式的缺点是，最多只能使用 256 种颜色，这使它不能用于存储高质量的图形（图像）文件。

2. JPEG 格式

JPEG，是 Joint Photographic Expert Group［联合图形（图像）专家小组］的缩写。JPEG 格式的图形（图像）采用了失真的压缩算法，会丢失部分图形（图像）信息，同时获得较高的压缩比。因此，压缩比例越大，图形（图像）质量越差。这种算法的优点是考虑了人的视觉特性，只要图形（图像）的压缩比例适合，浏览者一般不会察觉到压缩前后的差异。

JPEG 支持 24 bit 真彩，适用于细节丰富的高质量图形（图像）。与 GIF 格式相比，有类似于交错显示的渐进式显示，但不支持透明颜色。另外，JPEG 的压缩算法比较复杂，图形(图像)解压缩显示的时间也相应较长。

3. PNG 格式

PNG，英文全称是 Portable Network Graphics[可携式网络图形(图像)]。这个格式的图形(图像)已经得到 IE 和 NETSCAPE 两大浏览器的支持，目前在许多欧美网站已经开始采用 PNG 图形(图像)。

这种格式的图形(图像)兼有 GIF 和 JPEG 的色彩模式，不仅能储存 256 色以下的"Index Color"图形(图像)，还能储存 24 位真彩图形(图像)，甚至能最高可储存至 48 位超强色彩的图形(图像)。

PNG 的优势还体现在对透明图形(图像)的处理上。JPEG 格式无法实现图形(图像)透明；而采用 GIF 格式透明图形(图像)则略显刻板，因为 GIF 透明图形图像只有 1 与 0 的透明信息，缺少层次。PNG 则提供了"α"频段 0 至 255 的透明信息，可以使图形(图像)的透明区域出现深度不同的层次。而且，PNG 格式可以让图形(图像)完美地覆盖在任何背景上，改善了 GIF 透明图形(图像)描边不佳的问题。

制约 PNG 图形(图像)更广泛应用的主要因素是无法制作动画效果。PNG 图形(图像)格式开发人员已经意识到这一点，基于 PNG 开发出新的图形(图像)格式，即 PNG 的动画实现格式——MNG。

4. MNG 格式

MNG 是英文 Multiple-Image Network Graphics[多重影像网络图形(图像)]的缩写，是对 PNG 格式的完善。Paint Shop Pro 等绘图软件的最新版本已开始支持 MNG，相信不久的将来 MNG 同样也能获得浏览器的支持。

与 GIF89a 动画相比，MNG 有以下优点：

- MNG 采用以对象为基础的动画。动画采用对象的移动、拷贝、粘贴来实现，从而减少了动画文件的尺寸。
- MNG 对于复杂的动画采用了嵌套循环方式。
- MNG 使用了比 GIF 更优化的压缩方式。
- MNG 能够集合以 PNG 和 JPEG 为基础的图形(图像)。
- MNG 支持透明的 JPEG 格式。

## 思考练习

1. 网站页面中可以使用的图形(图像)格式有哪些?
2. 简述图形(图像)的前期处理手法。
3. 网站页面设计中图形创意的训练方法有哪些?
4. 图文编排的网页编排设计类型有哪些?
5. 设计美食题材的网站首页一张，图形(图像)、文字内容自选。

# 任务2 网页美工文字设计原理及方法

## 任务概述

东西方文字的演变历程都表明了文字是传达信息最直接、最通用的沟通方式，文字是信息传播最重要的载体。如果我们把文字也看作一种符号，那么这种符号也是经过长期的设计，并经历了简单—复杂—简练的发展过程。

21世纪，我们从传统媒体时代跃入了数字艺术时代，这个时代是以计算机、互联网、虚拟数字空间为主要要素，通过数字技术手段呈现视觉传达信息的时代。视觉传达设计开启了前所未有的重大变革，开始由单一的媒介向多元的综合媒介发展起来，字体设计也在计算机技术发展的影响下，呈现出数字化设计趋势。互联网以传播信息为主要目标，大多数网站页面中都会包含文字、图片、声音、动画等元素，其中文字信息所占的比重是最大的。

本任务详述了网站页面设计中文字元素的设计原理及方法，便于读者系统学习网页美工设计中的文字设计。

## 任务目标

- 完整了解网页设计中文字元素的设计原理
- 熟练掌握网站页面设计中的文字元素设计方法

## 学习内容

### 一、计算机字库字体基本特点分析

网站页面美工设计是基于计算机技术的设计门类，随着计算机技术和设计软件功能的不断更新完善，字体设计领域内涌现出大量新的字体创作手段和表现手法，计算机字体设计也因此而焕发出全新的生命力和活力。可以说现代计算机设计应用软件，为网页美工设计师的创作提供了前所未有的技术空间。

网站设计时，一般网站首页中的文字、二三级页面中的导航栏文字可以根据网站风格的需要进行艺术化字体设计，而为了网站的浏览速度着想，网站页面中大段的内容文字和一般性标题文字通常还是使用计算机字库中的字体，或者使用网站页面设计中的默认字体。

现有计算机字库中常用的中文字库有汉仪字库、方正字库、文鼎字库、长城字库等，每年计算机字库都会增加大量的新鲜设计字体供计算机用户使用。作为网页美工设计师应该着重培养自己对计算机字体的敏感度，例如同样是宋体，同一个文字在不同字库中的字形会有细微的差别，即使是同一个字库中的相同文字，根据字库内宋体的不同设计也会产生不同的风格。“宋体”“标宋”“雅宋”“书宋”“中宋”……同样都属于一种字体，但字形和结构的差别还是比较大。设计师需要熟悉计算机字库中常用字库字体的样式，把握字体之间细微的风格特征上的差别，做到在不同的设计项目中能够挑选并使用最适合的字体进行网站页面设计。

（一）计算机字体与字库

英文计算机字库只要设计26个字母即可，但是中文计算机字库却需要至少设计2 000个常用字字形才能满足日常编辑文字内容的需求。因此，中文计算机字库的设计是一项计算机技术与大量的工作量共同完成的产品。当然，现在的计算机字库的开发越来越受到重视，已经基本能够满足设计师的设计需求，成为社会资讯媒体的主要传播视觉元素。

（二）计算机软件技术与汉字造型语言

目前，广泛的二维绘图软件和三维设计软件为中文汉字艺术赋予了新的视觉造型开发的可能性，也使网站页面设计中除了使用现有计算机字库字体之外，还能够使用软件技术结合艺术设计手法创造新的风格特征鲜明的字体。

1. 三维软件技术与汉字造型语言

中文汉字历史源远流长，发展历程中慢慢转化成多种多样的艺术形式，在视觉传达设计中是比较独立而特点鲜明的艺术门类。到了近代，随着材料和技术的发展，汉字艺术结合现代计算机技术进行了发展，从二维转向三维，产生了具有三维立体空间的美感和力度、更加具有动感和延伸性的汉字立体图形。

2. 汉字材质和光感的应用

色彩在计算机屏幕上的显示区别于传统印刷媒体的色彩感受，得到了极大拓展，显现出区别于传统媒体的鲜艳颜色、渐变颜色、透叠颜色，及各种丰富的肌理效果，如字体马赛克效果、粗沙砾效果、版画效果等。

中文汉字字体设计在计算机世界里得到了全新的诠释，给予浏览者强烈的视觉吸引力。如水晶质感的文字就是计算机软件技术中材质应用和光线投射原理带来的美妙效果。

（三）计算机字体的形态特征

计算机刚刚面世的几年，电脑屏幕的显示基本上都是“像素”的世界，“像素”对于计算机图形来讲就像原子之于世间万物，计算机字体和图形完全由像素点构成，是典型的计算机技术的衍生产品。此时，像素化计算机字体的形态特征体现出其特殊的微观感受及其模糊性特征，直观体现了计算机单位比特的流动和变化状态，给观者以强烈的现代技术视觉感受。随着计算机新技术的发展，计算机字体的形态也在不停地发展变化。

1. 新媒体与汉字

网络作为新兴的传播媒介，增添了字体的时间性和交互性，使字体在二维（平面）、三维（空间）上又增加了时间维度，走向了四维。汉字艺术成为一个与社会和浏览者息息相关、具有表情、能够做出灵敏反应、不断成长、不断丰富的文化生命体。

2. 电子媒介与汉字

许多软件和网站出现了汉字艺术的电子媒介。此类媒介具有实时性、互动性、陪伴性,通过现代计算机技术,可以制作出各种造型,立体、动态,像一个宠物全程陪伴。如猫扑软件和网站,其标志字体拓展成丰富的表情造型符号,可以供网友在聊天、灌水时使用,成为网友即时表达感情的语言和工具。

3. 计算机字体的设计要求

计算机多媒体技术的综合性、时间性使字体获得了前所未有的丰富细腻的情感与生命。这种不同于以往的设计理念拥有无与伦比的视觉传达优势,丰富了汉字视觉表现手段。但与此同时,还要继续保留着原有汉字设计风格中所应具备的基本要素,如独特鲜明的识别性、精神内涵的象征性、符合审美造型以及具有实施上的延展性。专业设计人员在创意设计整个计算机字体的过程中,要充分考虑字体专业设计技术要素中所包含的笔形风格、粗细变化、大小处理、重心一致等技术要素,以达到整体感觉的视觉协调。

(1)笔形风格

计算机字体的笔形风格通常指的是每种计算机字体的设计总是要反映作者的设计意图,然后把它融化在每个字体的笔画当中,形成一种基本的风格,即笔形风格。如黑体的笔形风格特征是:横平竖直,感觉等粗,粗黑醒目,结构平稳饱满,笔形的起笔和收笔装饰为喇叭头。优秀的计算机字体笔形风格应该是规范、协调、统一、美观。

(2)粗细变化

中文字体笔画线数悬殊,少的只有一笔,多的则二三十笔。这就需要我们在设计字体中不断进行调整。要正确处理好它们的粗细变化,必须要掌握下列原则:

- 主粗副细。指的是在设计一个字的过程中主要笔画略微粗一些,次要的略微细一些,以达到整体感觉的视觉协调。
- 外粗内细。指的是在设计一个字的过程中笔画线数多的一般外围略微粗一些,里面的笔画略微细一些。
- 疏粗密细。汉字笔画的组成疏密程度极为不平衡,在设计过程中,笔画疏的一般略微粗一些,笔画密的一般略微细一些。
- 交叉减细。有许多汉字横、撇、竖、捺的交叉点很多,而这些交叉点又特别容易显粗,在设计过程中必须减细一些,以免影响人们阅读的视觉效果。

总之,影响计算机字体粗细变化的因素有许多,这要求设计人员根据实际情况进行处理。

(3)大小处理

主要是指在同一方框里字面大小的控制上。引起字的大小问题有多方面因素,包括线条方向、视力错觉、结构体态、笔画多少等。

线条方向是指汉字由不同的纵横线条和弧线等组成,线条和弧线的方向不同会引起字面大小的差异;视力错觉是指字的大小品质反映到人们的视觉里所形成的一种现象;结构体态是指汉字笔画组成的结构千姿百态,有正方形、长方形、菱形、梯形等。

汉字由笔画所组成,笔画数少的存在的空间大,相对来说字面容易显大;笔画数多的由于存在的空间小,比较紧凑,字面相对来说容易显小。

(4)重心一致

指的是视觉效果上的重心基本保持在一条水平线上。汉字结构形状的变化非常复杂，有上紧下松、下紧上松、左紧右松、右紧左松、左右松中间紧等，直接关系到排版后的视觉效果。在设计中碰到重心偏左、偏右、偏上、偏下的时候，要及时加以调整和修改。同时，在计算机字体整体设计的时候，既要考虑到每个汉字的个性，又要统筹兼顾字体的共性，使得个性与共性在字体中协调统一。

计算机技术的普及应用、互联网的出现，是中文汉字进入信息化时代的标志。计算机字体设计的表现力极其丰富，是因为通过不同的应用软件系统，不但对字体做出各种变化，还可以对原有字体进行各种装饰，一般包括字面装饰、轮廓装饰和底纹装饰。这种经过装饰的字体，极大地丰富了各类版面设计效果。但是，优秀的计算机字体设计，必须遵循汉字规范化和阅读适应性这两个基本原则。

**二、网页美工设计中的文字创意**

从古到今，文字被广泛地应用于社会的各个方面，其中网站页面的视觉传达设计艺术领域更加注重创意的表达，网站浏览者不仅要求网站文字信息的内容清晰、明确，还会要求创新性强、美观。

在计算机技术背景下，文字的创意设计更加大胆无拘，风格趋向多元化、艺术化、个性化和意象化。创意字体在视觉传达设计中已成为必不可少的因素，在网页设计中亦占据着重要位置。

创意字体是在基础字体上进行装饰、变化的字体。在一定程度上，创意字摆脱了原有字形和笔画的束缚，依据文字的内容，充分运用想象力，进行艺术的重新组织结构，再创样式。

（一）文字创意设计的基本原则

1. 文字的识别性

现代计算机字库中的文字数量较多，中文文字本身笔画形态数量也有很大的差别，而文字的主要功能是在视觉传达语境中，面向大众传达作者的意图和各种信息，要达到这一目的必须注意文字的识别性，考虑文字的整体诉求效果，给人以清晰的视觉印象。因此，创意设计的文字一定要避免繁杂零乱，而应该易认、易懂，切忌为了设计而设计，忘记了文字创意设计的根本目的是为了更有效地传达作者的意图，表达设计的主题和构想意念（图 2－2－1）。

2. 文字的适合性

信息传播是文字设计的一大功能，也是最基本的功能。文字创意设计最为重要的一点在于要服从表述主题的要求，要与其内容吻合一致，不能相互冲突，破坏了文字的诉求效果（图 2－2－2）。

**图 2－2－1　文字的识别性**

**图 2－2－2　文字的适合性**

3. 文字的视觉美感

在网页设计过程中，作为页面形象要素之一，文字具有传达感情的功能，因而文字创意设计应该具有视觉上的美感，能够给人以美的感受（图2－2－3）。

4. 文字设计的创新性

根据不同设计作品的主题要求，突出文字创意设计的个性色彩，创造与众不同的独具特色的字体，给观者以别开生面、新颖独特的视觉感受，有利于作者设计意图的表现（图2－2－4）。

图2－2－3　文字的视觉美感　　　　图2－2－4　文字设计的创新性

（二）文字的创意表现

每种文字的创新性表达手法都与当时的历史背景、工艺水平等因素有关，如宋体字体的出现与宋代发明雕版印刷术的工艺技术有很大关系。现代计算机的介入使字体设计创意与表现如鱼得水，手法更加丰富。

1. 文字的外形与结构

文字如人，有其生命和内涵，有着非一般的情绪、气质与表现。字体创作可以在变化中创造形态，打破常规的外貌和结构，形成多种风格。例如，在完整的文字上，我们以剪、切手段分割文字，制造其局部及整体的位移，形成错位字体。错位字体可变换颜色、两种字体可交替使用、可变换字形、变换表现手法。错位时位置的移动可做等距离、无距离或局部重叠变化；错位可以是有规律的也可是自由无序的。将几种方法结合使用，就能创建新的字体风格。利用电脑滤镜，则可对文字进行多效果整合（图2－2－5）。

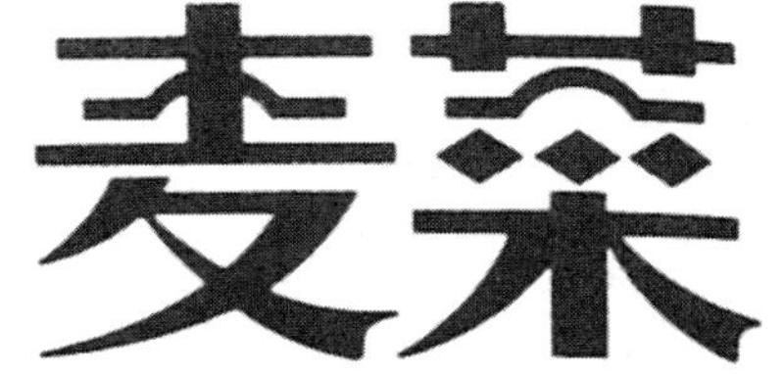

图2－2－5　字体的外形与结构

对文字结构使用矛盾空间的思路进行设计，是因为非自然的空间关系可引发人们强烈的好奇心，文字也因此具有了吸引力。可以应用强对比、高光效等方法来加强体积感的表现。

使用单纯的线框对文字进行体积刻画也是不错的表达。不同样式的字体结合，形成混合型字体。字体间相互衬托，增加了文字的表现力。

伴随计算机软件技术的发展，对文字的外形与结构进行创意性改变，是现代网页美工设计中非常重要的部分。

2. 文字的风格与韵律

文字传达的风格是极其微妙的，有时也是长久以来约定俗成的，需要设计师用敏锐的心去感知、体会。比如，常用字体中黑体字一般具有端庄稳重、浑厚大气的风格；宋体字视觉感受秀丽典雅、清新自然；卡通体、儿童体的字体看起来轻松雅拙、趣味活泼；颜体、舒体、楷体等中国传统书法字体则展现出浑厚、清秀、婉约的多样化风韵，同时兼具历史性、传统性和文化性。

现代文字创意设计则更多地追求个性化与风格化，积极创造风格、把握风格，引领字体设计潮流，打破常规是字体创意与变化的根本。例如，将静态的文字创造出动态的视觉效果，动静结合，就能够产生动态字体设计效果（图 2－2－6）。

图 2－2－6　字体的动感与风格

在文字创意设计实践中，可以综合运用多种方法进行创意设计，多样化的效果有时能创造新的风格与韵律。同时，我们可以通过各种方法和手段获取素材，激发灵感，创造出令人耳目一新的新字型。字体的设计应以创新为目标，字体的创意应在传承与创新中与时俱进。

3. 当代字体设计的视觉形式发展趋势——符号的混搭

不同文化元素在国际化的背景中交融，由此产生的“符号混搭”开始呈现出新的视觉形式（图 2－2－7）。当代艺术总是与“自由”“创新”这样的词联系在一起，它也给视觉设计带来了许多新的想法与观念。

艺术家徐冰的英文书法即是一个很好的例子。他为中国文化节设计的标识便使用了他前些年创作的方块英文书法。他将英文的 26 个字母改造成类似中国汉字的偏旁部首，然后把英文词组合成类似中国的方块字，用毛笔以颜真卿楷书字体书写出来，于是就有了“方块英文书法”，这种东西方图形符号对话是一种极富未来意义的探讨，是互联网时代的新艺术现象。设计与艺术总是有着极其紧密的联系，许多作品旨在引导观众在文字、概念、符号及形象之间展开思维的空间运动。用东方象形文字体系在符号概念与环境、自然物之间的特殊关系与西方观念艺术做一种有意思的比照，探讨不同文化在视觉元素上的区别，推动了字体设计视觉形式在新时代的发展。

图 2－2－7　符号的混搭

**三、网页美工设计中文字的编排**

将网站页面中的文字元素进行适合的编排设计，是网站页面美工设计中很重要的环节。网页中需要编排的文字元素包含网站导航栏文字、标题文字、正文文本信息等。

整体来讲，文字元素的编排设计必须与网站页面的整体设计风格相统一。文字元素在页面的编排设计过程中，会形成各种或实体或虚体的点、线、面形态，它们之间的构成关系塑造出页面丰富的视觉层次，增强页面的视觉吸引力。其中，均衡、对称、重复、渐变等形式美法则在页面文字元素编排中的运用，可以使网站页面设计更加丰富多彩。如图 2－2－8、图 2－2－9 所示。

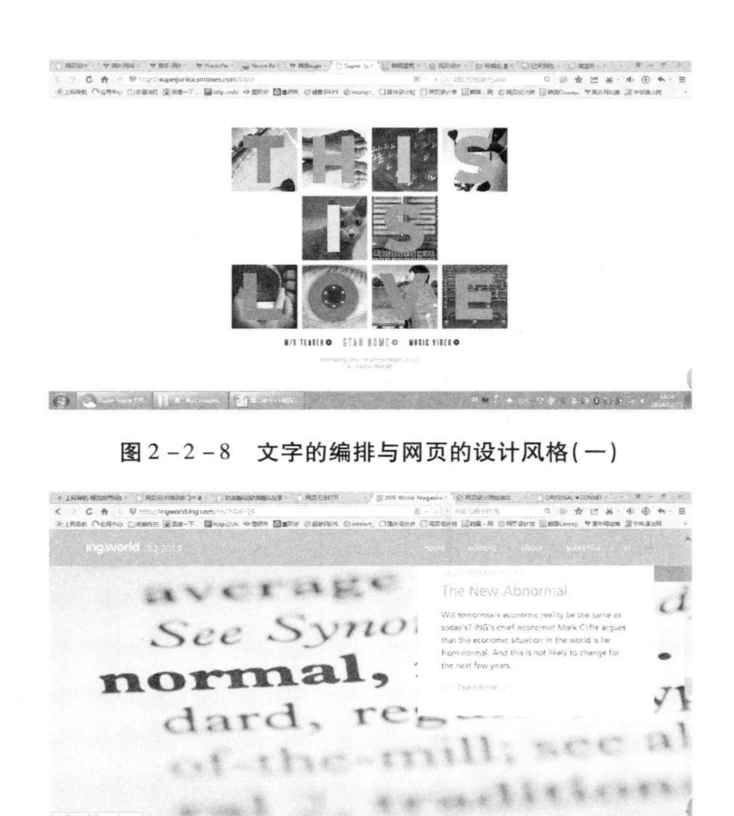


图 2－2－8　文字的编排与网页的设计风格(一)

图 2－2－9　文字的编排与网页的设计风格(二)

(一)图形化文字编排

图形化文字的编排设计，是在网页设计中将文字元素进行图形化处理，进而强化文字元素原有功能的一种编排设计形式。图形化文字编排设计可以强调出文字的形态美，设计时可以按照常规的方式格式化设置字体，也可以完全图形化，对文字本身进行意象化图形处理后再编排。

图形化文字编排是文字元素的图形化、意象化创意设计，是以更加富有创意的设计手法表达设计师深层次思想内涵的设计。这种文字编排方式能够克服单纯文字罗列方式页面的单调与平淡。文字的图形化编排设计，使文字元素有了图形语言的表现特征，更加易于传达信息，也能够使网页设计更具说服力和感染力。如图

图 2－2－10　文字的图形化(一)

2－2－10、图2－2－11、图2－2－12所示。

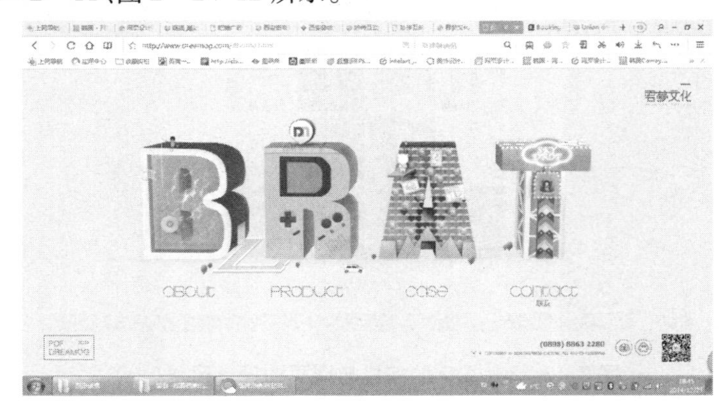


图2－2－11　文字的图形化(二)

图2－2－12　文字的图形化(三)

(二)叠置形式的文字编排

叠置形式的文字编排，是指根据网站页面设计风格的需求，将页面中的文字元素进行层叠、叠加设计的编排方式。文字与文字间，经过叠置设计编排后，使网站页面产生不同等级的跳跃感、空间感、透明感和叙事感，打破页面的固定稳重风格，让文字成为页面中令人瞩目的视觉元素。

图2－2－13　文字的叠置

叠置形式的文字编排手法能够塑造出网站页面独特的视觉空间感，缺点是会影响文字元素的可读性。如图2－2－13所示。

（三）文字编排中的标题与正文

网页中大量文字信息的编排设计会涉及标题与正文，二者之间的层级设计能够使文字信息内容更加清晰明了，增加信息的易读性。一般情况下，标题与正文在网站页面中会占据主要画面位置来传达信息，因此二者的编排设计能够基本决定网站页面的设计风格。

传统文字元素的编排设计中，出于阅读顺序考虑，文字标题一般会置于正文文字的上面位置，但是在现代网站页面设计中，则不一定非要千篇一律地按照这一标准来进行编排设计。根据网站页面风格设定的不同，在设计实践中标题文字与正文文字元素之间的位置关系可以是居中、横向、竖向或边置等多种编排形式，甚至可以直接将标题文字插入正文文字元素中间，用新颖独特的版式编排打破传统的阅读习惯，营造新鲜的页面视觉浏览感受。如图2－2－14、图2－2－15所示。

图2－2－14　标题与正文编排（一）

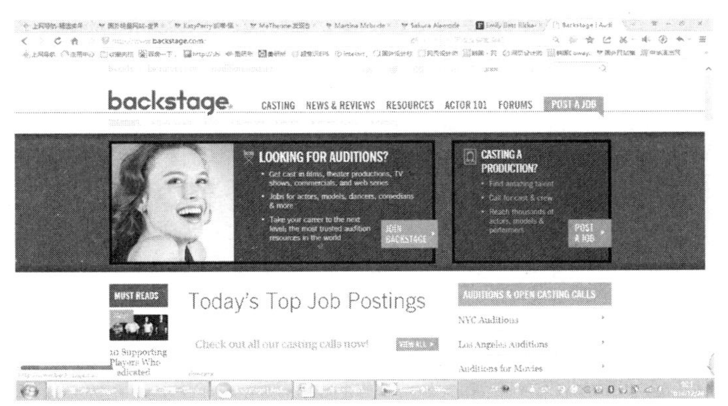


图2－2－15　标题与正文编排（二）

（四）文字编排中的基本形式

文字元素的编排设计形式多样，其中大篇幅正文文字的编排设计不容忽视。网站页面中的正文部分，会由单个文字组成段落群体，而成段落的文字元素会占据画面主要视觉体量，同时也需要遵循网站页面风格的定位原则。在网站页面美工设计中，设计师需要充分发挥段落群体产生的形态在整体网站页面设计中的作用。以下是四种常用的段落文字编排的基本形式。

1.段落文字的两端均齐

段落文字左右两端的长度均对齐，文本段落字群形成方方正正的面积。这种段落文字的编排方式视觉感受端正、严谨、美观。如图2－2－16所示。

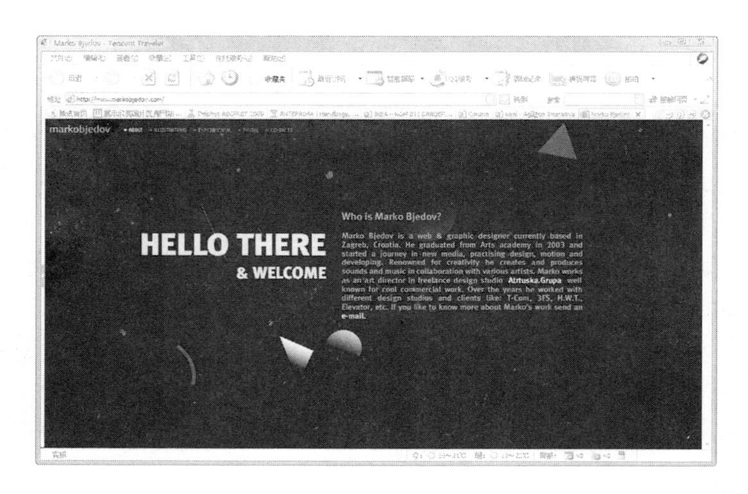


图 2－2－16　两端均齐

2. 段落文字的居中排列

段落文字在文字长度基本相等的情况下，以网站页面中心为轴线左右排列，这种段落文字的编排方式能够让段落文字轻松、舒适，更加突出网站页面的风格特点，产生对称的形式美感。如图 2－2－17 所示。

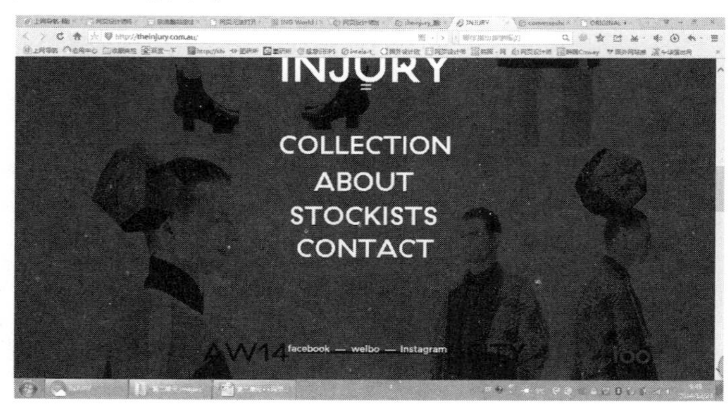


图 2－2－17　居中排列

3. 段落文字的左对齐或右对齐

段落文字的左对齐或右对齐，成句的文本长度各有不同，使行首或行尾对齐，自然形成一条清晰的垂直线，很容易形成秩序，与图形(图像)很好地配合。这种编排方式有松有紧，有虚有实，跳动而飘逸，能产生有节奏的变化。段落文本左对齐符合人们阅读时的习惯，视觉感受更加自然；段落文本右对齐因不太符合浏览者的阅读习惯而较少采用，但偶尔使用右对齐编排方式，则会显得比较新颖、有趣味性。如图 2－2－18、图 2－2－19 所示。

4. 段落文字的绕图排列

段落文本绕图排列，指的是将文字绕图形边缘排列组合。采用这种方法编排段落文字时，如果将退底图插入文字段落中，能够让浏览页面的人视觉感受融洽、自然，使画面协调清新。如图 2－2－20 所示。

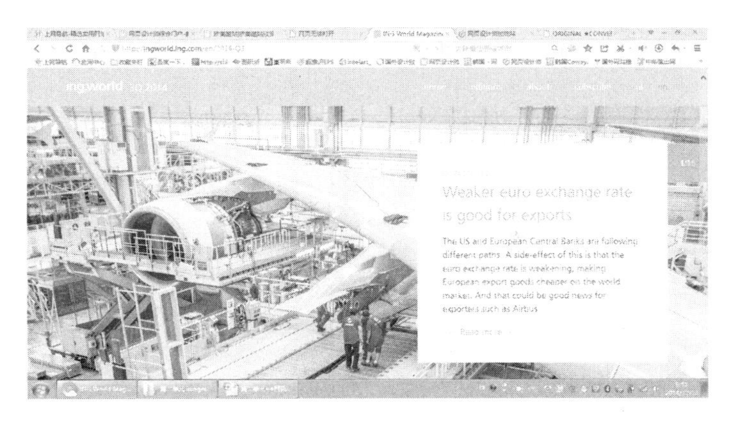


图 2－2－18　段落文字左对齐

图 2－2－19　段落文字右对齐

图 2－2－20　文字绕图排列

（五）强调性文字的编排

强调性文字的编排，是对段落中部分需要突出的文字做特殊性的处理，使文字形成强烈的视觉冲击力。

1. 行首的强调

行首强调是将段落文本中正文的第一个字或字母放大的设计形式，如图 2－2－21

所示。

2. 引文的强调

引文也称为眉头，是文章中除了标题之外的提纲挈领性的文字信息。编排上应给予特殊的页面位空间强调引文。引文的编排方式多种多样，可将引文嵌入正文的左右侧、上方、下方或中心位置等。另外，也可以在字体或字号上做相异的处理。如图 2－2－22、图 2－2－23 所示。

图 2－2－21　行首的强调

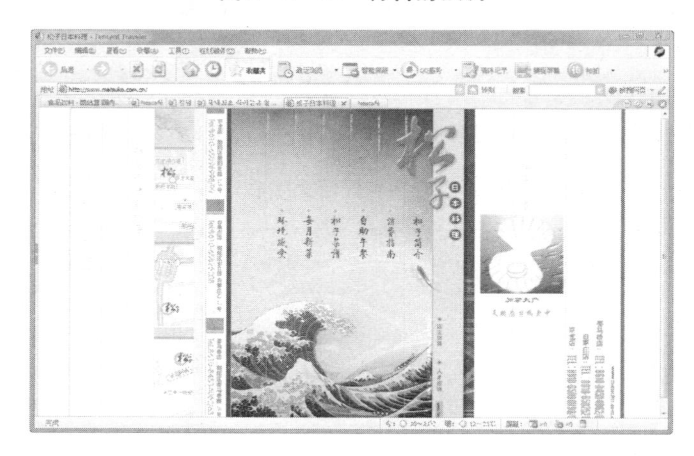

图 2－2－22　引文的强调(一)

图 2－2－23　引文的强调(二)

3. 个别文字的强调

为了在段落中突出个别文字的地位，可以通过加粗、加框、加下画线、加指示性符号、倾斜字体等手段，有意识地强化文字的视觉效果，使其在页面中显得与众不同。如图2-2-24、图2-2-25所示。

图2-2-24　个别文字的强调(一)

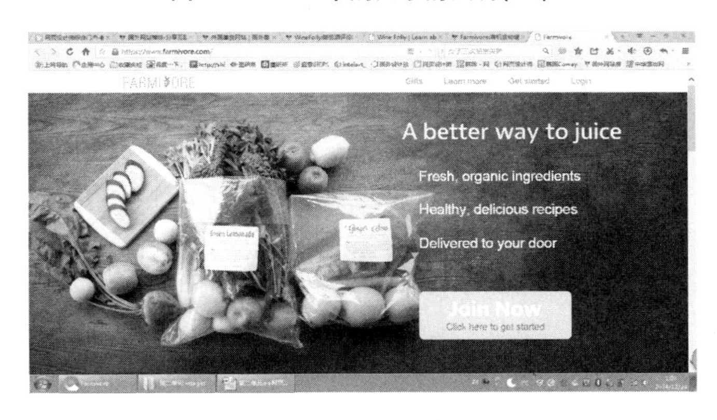


图2-2-25　个别文字的强调(二)

## 四、网页中文字元素的色彩使用

在网站网页中的文字上增加颜色，可以使需要强调的页面内容更加引人注目。但是，对于文字的颜色设计应适量，否则会影响网站风格的整体性。在页面上运用过多的颜色，也会影响浏览者阅读页面内容，除非有特殊的设计目的，在同一页面的文字颜色(整块单色色块)不要超过三种。

对文字颜色的处理要把握两个原则，一是要重视可读性，一是要有利于情感传达，如图2-2-26所示。

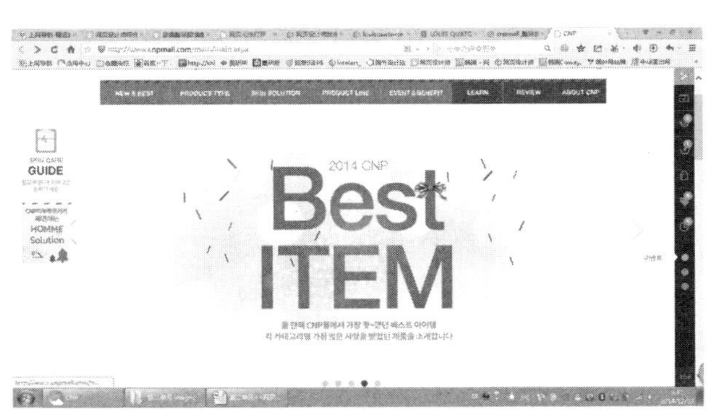


图2-2-26　文字的色彩处理

（一）文字色彩的可读性原则

文字是信息传达的载体，可读性是文字的基本特征。因此，网站页面中的字体颜色选择一定要易于辨识和阅读。页面中的每一种字体，都透过独特形态表达自我的个性。同样，不同的字体颜色也有自己的象征内涵。如图2－2－27所示。

图2－2－27　文字可读性

（二）文字色彩的情感表达

不同的字体颜色有自己的情感象征内涵。如图2－2－28所示。关于不同颜色的情感象征内涵，在后面章节中会详细说明。

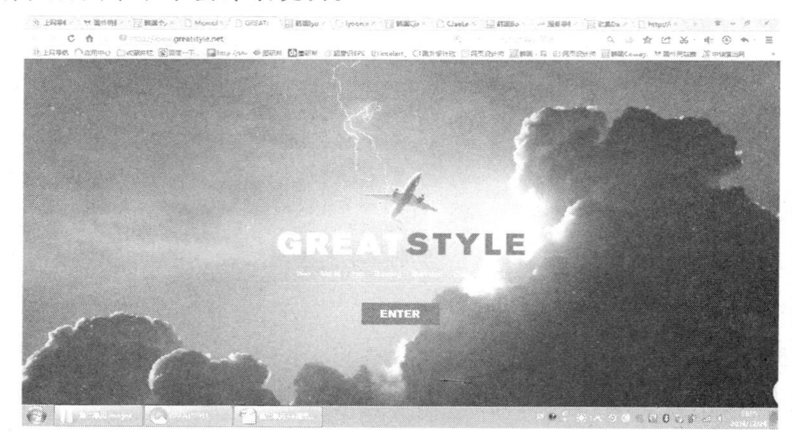


图2－2－28　情感表达

网站页面中文字元素的色彩使用，是设计完美网站页面的关键因素之一。既漂亮又适合网站风格的色彩搭配，能够很好地吸引浏览者的注意，也可以使网页中的文字信息传达更加醒目、突出。特别是对不同功能、不同作用的文字识别，色彩搭配是网站页面营造优美的视觉效果、烘托网页气氛、增强网页注目率的利器。

文字元素的色彩搭配使用，在视觉传达设计原理中是有很多已经成熟的规律可以借鉴的。例如，网页中标题文字和有链接的文字可以用不同的色彩来产生对比，突出使用功能；功能型的网站页面设计中，文字的颜色不宜过多，纯度不宜过高，文字色彩与背景色彩的明度对比不宜过强；不同类型的网站也在页面色彩搭配上各有特点，如儿童教育类型的网站页面设计，色彩搭配相应比较活泼，纯度较高；而艺术类型的网站色彩搭配则会较为高雅，容纳度较高。根据人们视觉心理对色彩的研究，网站浏览者在一定时间内阅读色彩对比过于强烈的文字（如蓝底黄字、红底黑字）时，视觉很容易感到疲劳，从而产生烦闷、不愉快的情绪，最终影响阅读的兴趣。

文字元素的色彩选择应和网页的功能、文字的内容结合起来考虑。以表达年轻人浪漫思想为主的论坛，可以利用文字色彩具有的象征性，以黄、绿等轻快、活泼的色彩来搭配，从而体现网页的活泼气质；以表达中国传统艺术内容为主的网站，其网页文字的色彩应该以能够体现出传统书画的精神特色和文化韵味为主，但并非一味地用古老、深沉、暗淡的颜色，文字色彩上也应该体现出传统书画艺术网站的现代感，亮丽、鲜明的传统民族色彩都是很好的借鉴模式。

## 拓展提高

### 网页中文字编排的要点补充

网站浏览页面是利用计算机系统字体来显示页面文字的，网站设计者需要考虑网站上传到服务器中后在客户端计算机的浏览器中有哪些常用字体，尽量不要随心所欲地使用各种字库中普及率较低的字体进行设计，否则客户端浏览者看到的页面中的文字元素会因为没有这个字体而自动转换为默认字体（一般为宋体），最终看到的就并非设计师设计的样式了。

对于网页中文字的字体格式设计，有三种基本处理方法：使用基本的系统字体、提供可下载字体、使用图片格式设置字体。其中，第一种方法（使用计算机系统字体）会限制网页的外观设计；第二种方式（在页面中提供可下载的字体供用户下载安装使用）需要占用大量的下载时间，通常浏览者不会耐心等待而跳转至其他网站；最后一种方式（使用图片格式字体）也存在一定的缺陷，即图形中的文本不可搜索，图形文件的加载速度比文本慢，浏览器不支持图形的人们无法看到它们。这就需要网页美工设计师在进行页面设计时要根据设计需求来选择合适的文字处理方式。

（一）文字字体、字号、行距的正确使用

网站页面中的文字元素是传达信息的主要载体，而文字的字体、字号、行距的正确选择是确保信息传达准确、确保信息清晰地在网站页面上呈现的首要考虑问题。

1. 字体选择

为了更好地阅读舒适度，可以对页面中信息比较多的文字内容进行分级，将页面中的文字信息正文和标题进行区分，并根据网站页面的特性选择合适的字体。如电子商务网站、办公事务管理网站等网站，标题性字体的选择以大方、醒目、突出为宜，宋体、黑体等是其首选字体；对于媒体信息服务类网站及设计机构网站，其宗旨在于树立媒体信息服务机构的网上形象，方便服务对象，因此标题性字体的选择比较自由，可以是庄重的黑体，也可以是经过设计的有创意的字体。

正文根据网站定位风格选择相应的系统默认字体就可以了。

2. 字号选择

网页设计中，在文字字号选择上，视觉经验告诉我们最适合于网页正文显示的字体大小为 12 磅左右。对于需要安排较多文字信息的综合型站点网页，可以采用 9 磅字。正文字号不小于 9 磅才不影响文字在视觉上的可识性。当然，这些只是一般性视觉规律，不适用于特殊创意设计页面。

3. 行距设置

从阅读舒适度方面考虑，网站页面中的文字设计还需考虑文字元素的行距安排。

大量文字形成的段落中，行距的设置变化会对文字信息的可读性产生很大影响。一般情况下，段落文字正文的行距以接近字体字号大小的空间设置为宜。文字字号与行距之间能够适合阅读的比例为 10: 12，即使用 10 磅字号文字组成段落的话，则行距设置在 12 磅以上。适当的行距使文字形成一条明显的水平方向的空白地带，能够引导浏览者的目光。反之，如果行距过宽，会使段落文字在阅读中失去良好的延续性。

网站页面设计中，字体、字号的正确选择由于技术功能上的限制和视觉心理的要求使之呈现为固定、规范的模式，虽然艺术性的表达方式空间不大，但却是功能性和审美性结合的最佳选择。当然，如果确实需要强调其美的因素，不考虑信息传达的清晰、准确与信息下载的速度快慢，也可将特殊的文字或经过艺术处理的文字以图片的存储格式插入到页面中，这时其艺术表现手法、原则与平面设计中的基本相同。如图 2－2－29 所示。

图 2－2－29　字体、字号、行距

（二）文字元素的版式编排规律

出于网站页面浏览速度的考虑，现今互联网上的大部分网站页面还是以静态网页为主。其中，静态文字的版式编排是把握网页整体风格的有效手法，能够达到有序地组织信息、美化网页、突出网页个性特点的目的。

1. 静态文字的使用规律

在各种类型的功能性网站设计中，静态文字元素的版式编排一般会有相对固定的模式，这是计算机网站页面设计中文字使用技术限制的结果。在制作网页时，最终都是通过表格的模式呈现出来，所以网站页面设计也多以分栏编排的形式来设计和安排文字。分栏状况根据文字内容的多少而定，将不同的文字内容安排到固定的、适合的板块中，用块面将文字井然有序地统一起来，如双栏、三栏、四栏甚至多栏的编排。设计师可以先考虑将文字正文进行双栏、三栏或四栏的编排，再将文字标题置入页面中。

这种模式虽不免呆板、千篇一律，但却是功能性网站对文字版面安排最基本的遵循格式与要求，作为设计师，就是要在此限制性要求中最大限度地呈现最合理、最恰当的设计思想。如标题不一定居于段首之上，可以在不影响其主体性地位的前提下进行居中、横向、竖向或靠边等灵活处理,甚至可以将标题文字直接插入到正文的中间,给固定的模式带来新颖的面貌。

2. 静态文字的视觉流程

静态网站页面的版式编排设计中,关注页面文字元素的视觉流程设计、分清文字内容的主从层级关系进行合理编排,能够有效地进行网页创意设计。

人类眼球的生理结构决定了人们的视觉瞬间只能产生一个焦点,人的视线不可能同时停留在两处或两处以上。因此,在网站页面中进行合理的视觉流程设计,把视觉焦点放在文字的主要内容和重要的标题上,有助于网站页面的整体协调和美观。

这样不仅视觉上符合文字内容的主次要求,也避免了版面的繁杂零乱。优秀的视觉流程安排应该在文字的轻重、主次层次中体现出有如音乐般的节奏和韵律。

(三)文字的整体色彩设计规律

静态网站页面设计中的文字元素色彩设计遵循“总体协调、局部对比”的原则,结合网站定位风格的个性特点进行整体色彩设计。

色彩能够吸引浏览者的注意力,使网站页面中的文字信息更加醒目、突出。网页中的色彩可供选择的比较多,色彩模式也很丰富。艺术性的网页,其静态文字设计可以更多地利用这一优势,以个性鲜明的文字色彩突出体现网页的整体风格,或原始古拙,或清淡高雅,或静谧幽远,或前卫现代,主要取决于网站对不同网页内容气氛、色调的要求,无固定成规。

总体来说,只要把握住文字的色彩和网页的整体基调、风格相一致,在局部中有对比,对比中有协调,就能自由地表达出不同网站页面的个性特点。

把握住这些设计原则,必然会使网页中的静态文字设计达到技术与艺术的统一、功能与审美的完美结合。如图 2－2－30 所示。

图 2－2－30　文字的整体色彩

## 思考练习

1. 网页美工设计中使用的计算机字体基本特点和规律是什么?
2. 简要叙述网页文字设计的基本原则。
3. 网页中文字的编排都有哪些方法?
4. 简述网页文字编排的基本形式分类。

5. 网页设计中强调某些文字可以使用哪些方法?
6. 简述网页设计中文字元素的色彩使用原则。

# 任务3 网页美工色彩设计规律和方法

## 任务概述

视觉传达设计范畴内的色彩指的是人们在生活中,受眼睛、大脑等生理因素和历史、地域、社会生活经验等主观因素影响后,对光线产生的视觉效应。在人类的色彩研究历史中,逐渐总结出色彩对周边人们的心理活动有着重要的影响,同时,人类思维活动中的联想、想象、丰富的生活经历、地域风俗等因素都为不同的颜色注入了不同的情感内涵,使色彩具备了感性特征,有了情感的象征性。

网站页面美工设计属于视觉传达设计范畴,其色彩设计规律和方法与视觉传达设计一脉相承,计算机屏幕显示技术的发展,使其具备独有的液晶和LED显示光原理色彩的特点。

本任务从基本色彩原理、网页色彩设计中需要注意的心理学特点、不同类型网站的色彩表达语义的区别、网页色彩元素的编排四个方面详细阐述了网站页面设计中色彩元素的设计规律和方法。

## 任务目标

- 全面了解色彩的基本原理和网站页面设计中色彩的心理学特点
- 熟练掌握不同网站页面中色彩元素的编排技巧和不同类型网站的色彩表达语义

## 学习内容

图2-3-1 对比色的使用

视觉传达设计中的色彩元素是非常强有力的、视觉感受强烈的设计元素。在网站页面设计中,色彩更是形成网站设计风格、表达网站情感特征的重要语言之一。完美的网站色彩搭配设计能够使网站页面充满活力,激发浏览者的感性认同,让我们设计的网站页面更加丰富多彩。如图2-3-1所示的网站页面色彩搭配设计,增强了网站的视觉吸引力。

## 一、色彩基本原理

我们在生活中和设计应用中,都能感受到色彩的无限魅力。在网站页面设计中,色彩的运用占有非常重要的地位。掌握色彩的基本理论知识,能激发我们的创作热情,促使我们进行发散式思维,更好地完成网页设计作品。

### (一)色彩的类别和属性

人类已经感知到并确认的自然界中的颜色可以分为有彩色和无彩色两种类型。无彩色指的是黑色、白色、灰色,无彩色之外的颜色都属于有彩色。无论是有彩色还是无彩色,任何一种都具备三种属性:色相、明度、纯度。

#### 1. 色相

色彩的相貌,即每一种颜色所独有的与其他颜色不相同的表象特征,叫色相。在诸多色相中,红、橙、黄、绿、蓝、紫是六个基本色相。

#### 2. 明度

明度指色彩本身的明暗程度,也指一种色相在强弱不同的光线照耀下呈现出的不同的明暗程度。每种色相加白色即可提高明度,加黑色即可降低明度。在诸多色相中,明度最高的色相是白色,明度最低的色相是黑色。

#### 3. 纯度

纯度指每一种颜色色素的饱和程度。达到了饱和状态的颜色,即达到了最高的纯度。

### (二)原色、间色、冷暖色及色调

#### 1. 原色

色彩的原色指的是颜色的基本色,即红色、黄色、蓝色三种颜色。它们本身不包含其他色素,是所有颜色派生的渊源。

#### 2. 间色

色彩的间色指的是三原色之间相合而后的第一种色。红 + 黄 = 橙;黄 + 蓝 = 绿;蓝 + 红 = 紫。三种原色加三种间色依次排列成红、橙、黄、绿、蓝、紫六色。

#### 3. 冷色与暖色

色彩色相的物理现象及其给人的生理感觉即产生冷色与暖色。一般来说,暖色是指黄、黄橙、橙、红橙、红和红紫色;冷色是指黄绿、绿、蓝绿、蓝、蓝紫和紫色。蓝绿色和红橙色是冷色与暖色的两个极端,分别代表冷色和暖色。介于它们之间的色相可能是冷色,也可能是暖色,取决于它们是同更暖还是更冷的色相比。

#### 4. 色调

色彩的色调指的是色彩组合在一起产生的倾向性,它具有统一页面色彩的作用。

### (三)十二色相环

从红、黄、蓝三原色开始来发展十二色相环,将三原色放置成等边三角形,红色在顶端,黄色在右下侧,蓝色在左下侧,三角形外接一个圆,在它里面画一个匀称的六角形,在三角形之间构成三个三角形,其色彩由相应的原色混合而成,构成间色。

在第一个圆外再画出另一圆,将两圆之间的环形等分为 12 个扇形,将原色和间色分别放置于各自适当的位置,每两个色之间的空白扇形内,放置两个色彩混合的色,即复色。黄

+橙=黄橙;红+橙=红橙;红+紫=红紫;蓝+紫=蓝紫;蓝+绿=蓝绿;黄+绿=黄绿。

从十二色相环可以看出每一种色都有确定的位置,十二色相匀称地间隔着,互补色彩以直径方式相对,可以一目了然地看到其中任何一种色彩,并能准确指示出其原色、间色、复色。如图2-3-2所示。

间色与间色的配合,又能产生再间色,再间色之间的配合又能产生各种颜色……这便是色彩学的基本原理,也是派生色的规律。如图2-3-3所示网页中,用同类色设计了网站的导航,新颖而别致。

图2-3-2　十二色相环

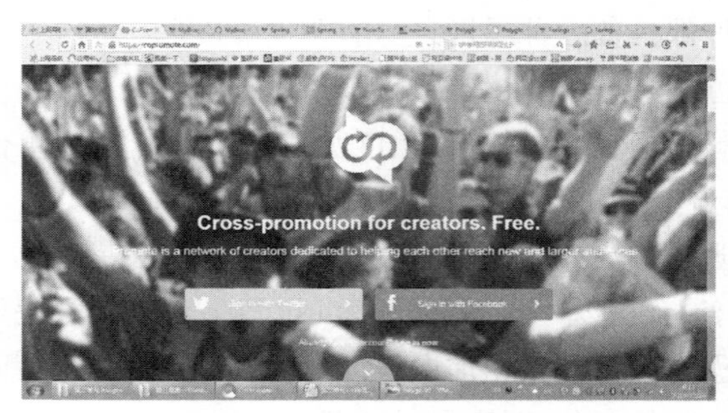


图2-3-3　运用同类色设计的导航

(四)网络Web色彩模式

计算机显示器呈现色彩方式与平面纸质印刷媒体不同,一般显示两种模式:RGB色彩模式和INDEXED色彩模式,两种色彩模式的格式相对一般图形(图像)文件格式来讲体积较小。

1. RGB色彩模式

计算机中的RGB模式依靠混合不同的红、绿、蓝值来建立色谱中的大多数颜色,主要用于计算机上显示的图像。在RGB模式中,图像内的每个图像元素被赋予0到255之间的三个值,分别代表红、绿、蓝,在RGB模式中,这3个颜色成分可以被调整以表示几乎任何一种颜色,其中包括黑色、白色和各种灰度的灰色。

所有的Web图像开始时都在RGB模式中被开发出来,因为该格式适合于计算机上的所有图形。计算机在显示器上的再现颜色是通过红、绿、蓝光来实现的。

2. INDEXED网络安全色彩模式

开发INDEXED COLOR模式,目的是为了在互联网Web页面上和其他基于计算机的多媒体上显示图像。该模式把图像限制成不超过256种颜色,可以保证文件具有很小的尺寸。

表3-1列出了Windows VGA调色板中16种颜色的颜色名和RGB值。这些颜色名是HTML 4.0规范中的标准。大多数浏览器都能识别这些颜色,在Windows系统上看起来一致,且相当准确。

表3-1　Windows VGA调色板中的基本颜色和名称

| 颜色名 | 海蓝 | 海军蓝 | 黑 | 橄榄绿 | 蓝 | 紫 | 紫红 | 红 |
| --- | --- | --- | --- | --- | --- | --- | --- | --- |
| INDEXED值 | #00FFFF | #000080 | #000000 | #808000 | #0000FF | #800080 | #FF00FF | #FF0000 |
| 颜色名 | 灰 | 银白 | 绿 | 凫蓝 | 石灰色 | 白 | 茶色 | 黄 |
| INDEXED值 | #808080 | #C0C0C0 | #008000 | #008080 | #00FF00 | #FFFFFF | #800000 | #FFFF00 |

（五）网页色彩设计需要关注的要素

1. 色彩的面积与位置

（1）色彩的面积

网站页面中的色彩面积大小增加或减少，与之相对应的光量和色量就会随之增加或减少，进而影响到人们的视觉刺激和心理活动。例如，人们看到 1 $cm^2$ 的暖红色时，视觉感受是鲜艳而可爱；人们看到 1 $m^2$ 的暖红色时，影响到视觉和心理状态，会觉得兴奋和激动；而当人们被 100 $m^2$ 的暖红色包围时，就会产生难以忍受的烦躁感了。

由此可见，色彩面积的大小是与人们的视觉感受息息相关的，在网站页面设计中，根据网站风格定位合理配置色彩的面积非常重要。如图 2－3－4 所示，色块间的对比产生了视觉冲击力；如图 2－3－5 所示，纯色与灰色间的对比使页面和谐。

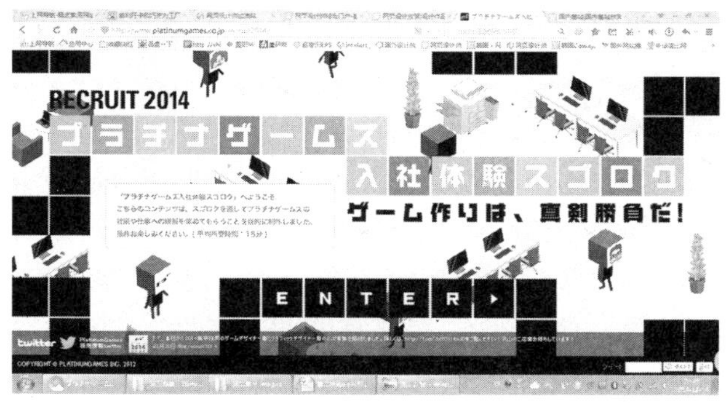


图 2－3－4　色彩面积的使用（一）

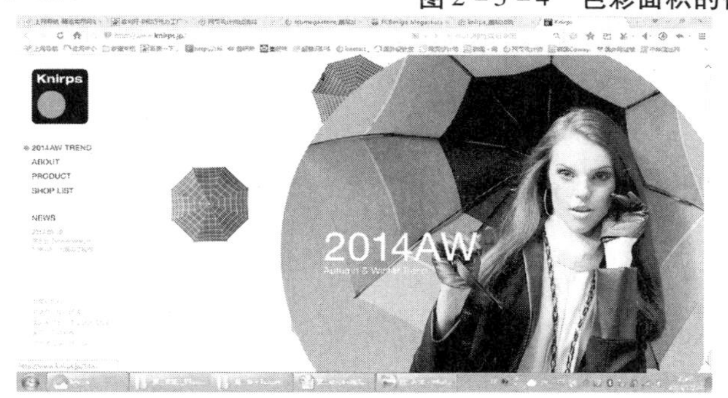


图 2－3－5　色彩面积的使用（二）

网站页面设计中使用大面积的满底色色彩时，传达的视觉效果是极为饱满而强烈的，如果网站页面选择大面积色彩底色，一般选用明度高、纯度低、色差小、对比弱的配色，这样会产生明快、舒适、安静和谐的效果。如图 2－3－6 所示。

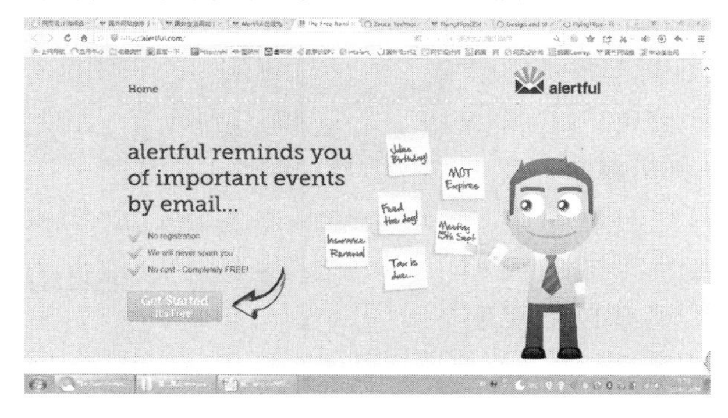


图 2－3－6　色彩面积的使用（三）

（2）色彩的位置

网站页面设计中色彩位置关系的确定，是以色彩的心理平衡理论为主要依据的，色彩在网页中的位置排列会直接对网站的主题表达产生影响。

例如，在大面积白底色上使用黄色色块时，白色会将黄色块推到一种从属的位置，看上去黄色比较暗淡。但如果将小的黄色块和大面积白底色互换一下，就会获得不同的表现效果。如图2－3－7所示，冷色为主，通过对比使标题的黄色更为注目。

**图2－3－7　色彩位置的使用**

2. 色彩的对比与调和

色彩的对比与调和关系，是设计网站页面时获得优秀视觉效果的原则，也是网站页面设计中运用非常普遍但又非常重要的原则。如果网站页面中只有杂乱的色彩对比关系，会让浏览者产生失去稳定的不安定感受，使人烦躁不悦；而如果网站页面中只有调和的色彩，没有一点对比的色彩关系，则会使浏览者视觉感受单调乏味，发挥不出色彩的感染力。

色彩的对比关系，指的是将两个以上的颜色放在一起，比较出各自间可见的差别，颜色间的相互关系就是对比关系。色彩对比中有色相对比、明度对比、纯度对比、冷暖对比等。

色彩的调和关系，指的是有差别的、对比的、不协调的色彩关系，通过调配整理、重新组合安排，获得页面设计的整体和谐、稳定和统一。获得色彩调和关系的基本方法，是减弱页面中色彩诸要素的对比强度，使色彩关系趋向近似，从而产生调和的视觉效果。

（1）色相对比

因色相的差别而形成的色彩对比称为色相对比。在十二色相环中任何不同的色相都会产生对比。只是因为位置的关系，对比有所差异。邻近的色相对比较弱，相距越远的对比度越强。如图2－3－8所示，冷暖色相之间的对比活跃了网页画面。

**图2－3－8　色相对比的应用**

（2）明度对比

因色彩明度差别而形成的色彩对比称为明度对比。两种以上明度不同的色彩相邻时，明度高的颜色会使人感觉更加明亮，而明度低的颜色则使人感觉更加昏暗。两种颜色的位置越靠近，这种感觉就越强烈。如图2－3－9所示，不同明度的对比，形成了和谐的画面；如图2－3－10所示，通过明度对比显现出来黄色的运用具有活跃画面的作用，整个构思颇具创意。

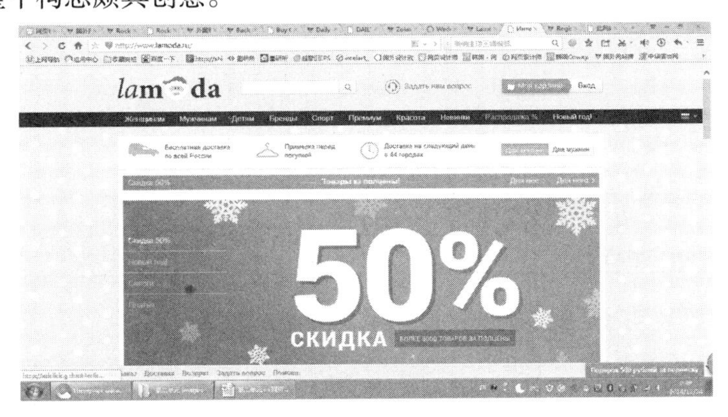


图 2-3-9　明度对比的应用(一)

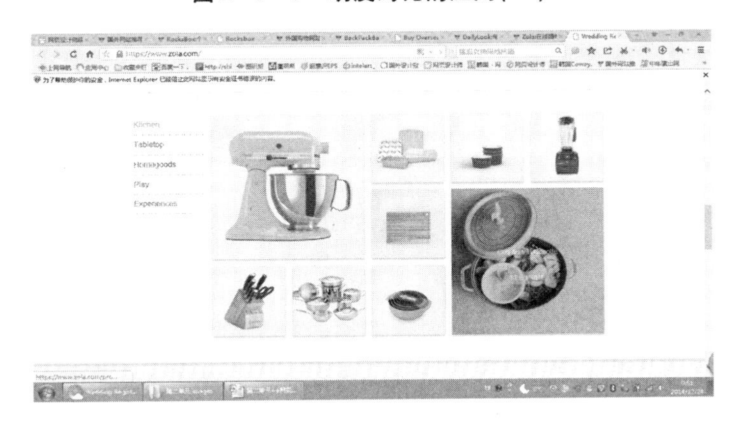


图 2-3-10　明度对比的应用(二)

(3)纯度对比

因色彩的纯度差别而形成的色彩对比称为纯度对比。纯度高的颜色与纯度低的颜色搭配时，纯度高的颜色会因为纯度低的颜色的陪衬而更加鲜明。如图 2-3-11 所示，用纯色对比来体现时尚的感受。

图 2-3-11　纯度对比的应用

(4)冷暖对比

因色彩的冷暖差别而形成的色彩对比称为冷暖对比。色彩的冷暖对比,对情感的影响具有较大作用。瑞士色彩学家伊顿将冷暖色特性用若干相对应的术语表示为相应的文字感受,见表3-2。

**表**3-2　　**冷暖色特征**

| 冷 | 阴影 | 透明 | 镇静 | 稀薄 | 流动 | 远 | 轻 | 湿 |
|---|---|---|---|---|---|---|---|---|
| 暖 | 日光 | 不透明 | 刺激 | 浓厚 | 固定 | 近 | 重 | 干 |

上述种种印象表明了冷暖对比的多方面表现力。如图2-3-12所示,运用冷暖对比强调了希望,突出了品牌部分;如2-3-13所示,运用冷暖色的关系来组织画面,将画面分开主次关系。

**图**2-3-12　**冷暖对比的应用(一)**

**图**2-3-13　**冷暖对比的应用(二)**

(5)色彩的调和

色彩的调和一般分为同种色调和、相邻色类似色调和两种类型。同种色调和指的是任何一个基础单色,逐步加入黑色或者白色,所产生的单纯名都变化的一系列颜色,有极度调和的视觉感受。相邻色类似色调和,指的是在色彩中包含的同类色占主体,其他色彩、纯度、明度等色彩属性十分近似，对比特征不明显的一系列颜色，属于调和的颜色关系。

任何一种色彩，与无彩色的黑、白、灰搭配在一起时，都能够产生调和的效果。如图2－3－14所示。

图2－3－14 色彩调和的应用

色彩元素的对比与调和原则，是互为依存、矛盾统一的辩证关系，是获得色彩美感和表达主题思想感受的重要手段。在网站页面设计中，根据网站定位风格的不同，色彩搭配既可以以对比关系为主，也可以以调和关系为主。视觉感受的反应方面，对比的色彩关系可以表达积极、愉快、刺激、振奋、活泼、辉煌、丰富等视觉感受；调和的色彩关系可以表达静寂、舒畅、含蓄、柔美、朴素、软弱、优雅、沉默等视觉感受。

**二、网页色彩设计的心理学特点**

色彩的直接性心理效应来自色彩的物理光刺激，对人的生理发生直接的影响。心理学家发现，在红色环境中，人的脉搏会加快，情绪有所升高，而处在蓝色环境中脉搏会减缓，情绪也较沉静。还有科学家发现，颜色能影响脑电波，对红色的反应是警觉，对蓝色的反应是放松。冷色与暖色是依据心理错觉对色彩的物理性分类的，对于颜色的物质性印象，大致由冷、暖两个色系产生。红橙黄色的光本身有暖和感；照射到任何色都会有暖和感；紫蓝绿色光有寒冷的感觉。冷色与暖色还会带来一些其他感受，如重量感、湿度感等。比方说，暖色偏重，冷色偏轻；暖色有密度的感觉，冷色有稀薄的感；二者相比，冷色有透明感，暖色透明感较弱；冷色显得湿润，暖色显得干燥；冷色有退远的感觉，暖色有迫切感。这些感觉是受我们心理作用而产生的主观印象，属于一种心理错觉。

除去冷暖系具有明显的心理区别外，色彩的明度与纯度也会引起对物理印象的错觉。颜色的重量感主要取决于色彩的明度，暗色给人以重的感觉，明色给人以轻的感觉。

无论有色彩的色还是无色彩的色，都有自己的表情特征。创造什么样的色彩才能表达所需要的感情，完全依赖于自己的感觉、经验和想象力，没有固定模式。

（一）网页色彩的象征意义

网站页面的整体设计流程中需要关注的设计元素比较多，色彩设置是其中比较重要而敏感微妙的元素，往往由于页面色彩的搭配问题影响整个网站的设计风格。

在设计网站页面的色彩搭配时可以根据网站定位风格选择不同的色彩搭配。

一般来讲,红色是火的颜色,热情、奔放。

黄色是明度最高的颜色,显得华丽、高贵、明快。

绿色是大自然草木的颜色,意味着纯自然和生长,象征安宁和平与安全,如绿色食品。

紫色是高贵的象征,有庄重感。

白色能给人以纯洁与清白的感觉,表示和平与圣洁。

色彩代表了不同的情感,有着不同的象征含义。这些象征含义因人的年龄、地域、时代、民族、阶层、经济地区、工作能力、教育水平、风俗习惯、宗教信仰、生活环境、性别差异而有所不同。

网站页面设计的风格不同,配色方案也随之不同。考虑到网页的适应性,尽量使用网页安全色。但颜色的使用并没有一定的法则,经验上我们可先确定一种能表现主题的主体色,然后根据具体的需要,应用颜色的近似和对比来完成整个页面的配色方案。总之,整个页面在视觉上应是一个整体,以达到和谐、悦目的视觉效果。

(二)网页色彩的感知

红色——是一种激奋的色彩,能使人产生冲动、愤怒、热情、力的感觉。

绿色——介于冷、暖两个色彩的中间,显得和睦、宁静、健康、安全的感觉,和金黄、淡白搭配可以产生优雅、舒适的气氛。

橙色——也是一种激奋的色彩,具有轻快、欢欣、热烈、温馨、时尚的效果。

黄色——具有快乐、希望、智慧和轻快的个性,明度最高。

蓝色——是最具凉爽、清新、专业的色彩,和白色混合能体现柔顺、淡雅、浪漫的气氛(像天空的色彩)。

白色——具有洁白、明快、纯真、清洁的感受。

黑色——具有深沉、神秘、寂静、悲哀、压抑的感受。

灰色——具有中庸、平凡、温和、谦让、中立和高雅的感觉。

紫色——代表高贵、神秘、稀有等。但在某些文化中紫色与死亡相关。

每种色彩在饱和度、透明度上略微变化就会产生不同的感觉。以绿色为例,黄绿色有青春、旺盛的视觉意境,而蓝绿色则显得幽宁、阴深。

## 三、不同类型网页的色彩表达语义

不同的领域有不同的色彩表现,根据网站所属行业类型不同网页色彩也有所不同,但同一类型网站的网页也有其共性的表达。

(一)综合门户型网站

这类网站没有特定的受众群体,访问量是众多网站中最高的。网页在色彩设计上要求直观、简洁,以便用户在最短的时间内链接到需要的栏目。如新浪网站的首页,用黄色为主色调,明亮大方,图片和文字的用色有条理,保证了视线的流畅性。如图 2-3-15 所示。

图 2－3－15 综合门户型网站色彩

（二）娱乐休闲类网站

进入这类网站的浏览者是为了放松心情、寻求娱乐的，这类网站注重美观，一般会用具有强烈刺激性的色彩来体现个性。如图 2－3－16 所示。

图 2－3－16 娱乐休闲类网站用色

（三）商业经济类网站

这类网站是商家宣传自己的门户，它的浏览者是从事商业活动的雇主、员工和上网购物、搜寻商业信息的客户。网页在色彩设计上要求统一协调、有秩序感。对页面上的标识、主色调选取应采用企业标准色，既有利于树立企业形象、传达服务理念，又给人深刻印象、易于识别。如图 2－3－17 所示。

**图 2－3－17　商业经济类网站用色**

（四）人文艺术类网站

该类网站旨在向大众传播文化、艺术，透着浓郁的文化气息，在色彩设计上主色调多选用淡雅、朴素的色彩，显出典雅的文化氛围。如图 2－3－18 所示。

**图 2－3－18　人文艺术类网站用色**

（五）政府机构类网站

此类网站代表了各地政府机关的网上形象，在色彩设计上主色调可选用明度和饱和度较高的蓝、绿色，力求显示政府机构在人民心目中严谨大气、庄重肃穆的形象。如图 2－3－19所示。

图 2－3－19　政府机构类网站用色

（六）体育休闲类网站

体育休闲类网站的对象是众多的体育爱好者，这些人中又以年轻人居多，故该类网站的主色调多偏重于活泼、前卫。如图 2－3－20 所示。

图 2－3－20　体育休闲类网站用色

（七）新闻媒体类网站

新闻媒体类网站是指传统媒体（包括报纸、电视等）的网上节点。新闻媒体建立网站目的不一，有的是为了寻求传统媒体向网络的转移，有的则是传统媒体的电子版，因此网站的风格也不尽相同。总体而言，该类网站在主色调表现上力求大方稳重，在严肃中又不失轻松活泼。如图2－3－21 所示。

图 2－3－21　新闻媒体类网站用色

(八)行业类网站

该类网站是指内容涉及专门行业的专业网站,在色彩设计方面应考虑行业特征。可采用行业的象征性色彩为主色调。例如,医疗类网站可选用白色为主色调,给浏览者亲切、可信赖的感觉。如图 2－3－22 所示。

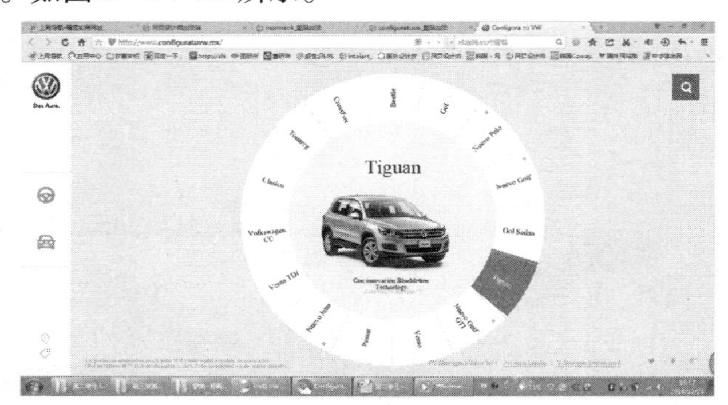


图 2－3－22　行业类网站用色

(九)个人网站

用色非常个性化,充分体现了网站拥有者的个性和个人审美情趣。如图 2－3－23、图 2－3－24所示。

图 2－3－23　个人网站用色(一)

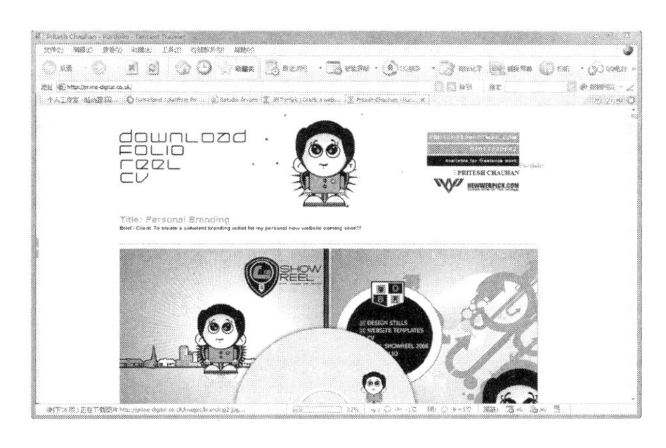


图 2－3－24　个人网站用色(二)

## 四、网页色彩元素的编排

网站页面是许多单个页面链接后的整体网站设计，因此网站的信息含量极大，内容非常丰富，进行色彩设计时要避免页面信息视觉混乱，可以使用色彩的直观和敏感性对网站页面进行信息区域的视觉划分，使用色彩的力量将网站页面信息进行分类布局。也就是说，利用色彩带给浏览者的不同心理效应，进行页面信息主次顺序的区分、进行页面视觉流程的规划，从而用色彩使网站页面具备良好的易读性和方便的视觉导向。

从网站功能性上来讲，对网站页面的色彩使用进行系统的规划和设计，能够使网站页面整体风格比较统一，给浏览者完整、有序的网站视觉印象。如果网站页面美工设计师能够充分利用色彩对网站中的信息进行布局与划分，将网站信息按照主次和视觉流程进行编排的话，就能够使网站页面内容更加易于阅读，并将所有内容统一在整体视觉风格之下，达到完整和有序的视觉效果。

### (一)色彩的视觉引导与强调

在网页设计中要充分利用色彩的力量美化页面，对其中的重要信息进行强调，引导浏览者的注意力，这有利于推广新产品。对需要强调的内容适当运用色彩加以突出，使浏览者加深记忆，提高信息传递效率。在产品展示网页中，色彩的强调功用尤为明显。比如化妆品品牌展示页面，成功地利用色彩将浏览者的注意力引导到产品之上，给人留下深刻的印象。如图 2－3－25 所示。

图 2－3－25　色彩的引导作用

（二）网页色彩的整体感

网页色彩的整体感指的是网页之间色彩的系统性。各个相关网页通过超链接在内容上保持相互的联系，网页色彩也随着这种联系发生相互作用和过渡。这种相互作用和过渡应该是自然的、和谐的。只有开始就对网页色彩进行系统的规划和编排，才能对这些联系进行有效维护。

色彩的系统性（编排）是对相关网页配色方案和色调的协调和组织。相关网页在确定色彩基调的基础上，协调各自网页的配色方案，包括补色配置、对比色配置、类似色配置、同种色配置。在保持系统的色彩风格下各种配置可以穿插设置，前提是保持一个完整的视觉印象。

网页色彩整体感还体现为网页页面本身的协调感。网页包括导航条、广告条、动画、图形、图像等内容，它们的色彩变化直接影响页面色彩的协调。特别是具有动感的视觉元素如 FLASH、GIF 动画，其色彩是处于动态变化中的。不仅要考虑到动画各帧之间色彩的协调，还要考虑动画色调与网页色调的对比与调和。要处理好页面色彩的协调，灵活应用网页背景色十分重要。把网页背景色的配置作为网页色彩的基调，在此基础上处理好各要素色彩的对比与调和，就能达到较好的色彩效果。如图 2－3－26 所示。

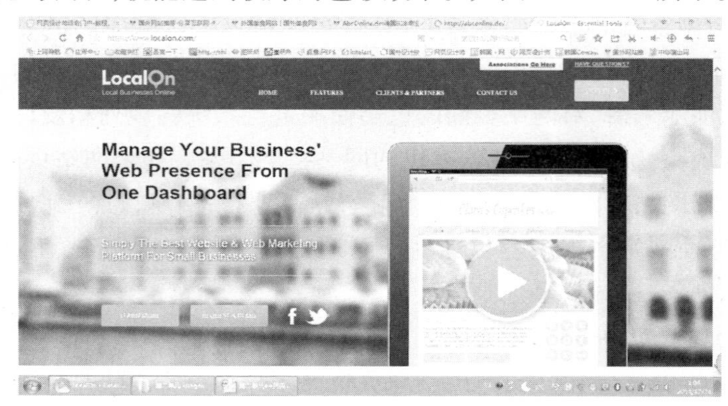


**图 2－3－26　色彩的整体感**

（三）网页色彩的排列

在网页中色彩的排列是四维度的，即在长、宽、深三维度的基础上加上时间维度。在二维平面上，色块有大小、疏密、对称、均衡、聚散、节奏等变化，加上色彩重叠在三维的方向产生深度和层次感的变化，对色彩的感情倾向有很大的影响。页面色彩大面积的分割显得稳重而大气，小面积色彩有规律的交替变化显得紧张而富有活力，对称的色彩排列庄重有严肃感，均衡的色彩排列自由而浪漫，色彩还通过重叠、交叠、透叠等手法使平面产生纵深感和空间感。网页的时间性变化也影响着色彩的感情，网页动画帧的变化、网页页面在屏幕上的上下左右移动，以及网页之间相互转化都能产生网页的时间性变化，并带来网页色彩的变化。如图 2－3－27 所示。

图 2 - 3 - 27 网页色彩的排列

(四)如何进行网页色彩的编排

1. 深入而准确地了解网站内容

了解网站欲传达的内容,并结合既有的品牌印象进行设计,一定要对网站所要传达的信息有充分的认知,在这个前提下进行色彩的搭配。如要强调的是自然、环保,便可以蓝、绿色系为主;诉求的重点如为现代、科技,可以用蓝、黑色。此外,如果是企业网站,则一定要结合企业本身的品牌印象,将网站视为企业整体形象的一环。如图 2 - 3 - 28所示。

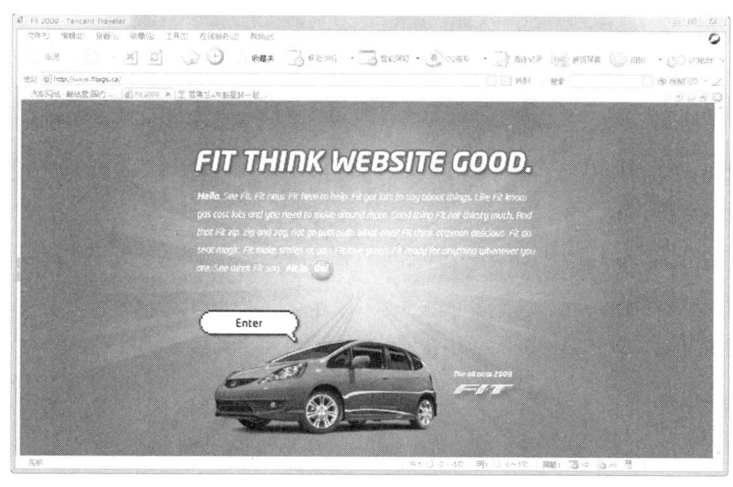


图 2 - 3 - 28 品牌定位与网页色彩

2. 根据诉求对象的特点做出色彩差异

即使在相同的文化背景下,不同的性别、年龄、教育背景等都会影响人对于色彩的解读。如年轻族群比较能够接受色彩鲜艳或是较饱和的颜色;女性一般较偏爱粉色系;年龄较长者对于灰色系接受度较高。如图 2 - 3 - 29 所示。

图 2－3－29　诉求对象与网页色彩

3. 控制网页中的色彩数量

一个网站最好只有一个主色调,并利用这个主色调贯穿所有的页面,而根据不同的单元,可再以辅色搭配做出区隔。同一个画面色彩不要太多,过多的色彩会降低网站的阅读性。如图 2－3－30 所示。

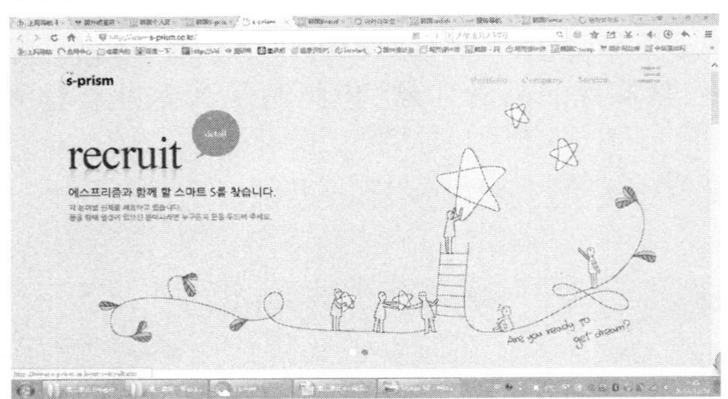


图 2－3－30　控制网页中的色彩数量

4. 注意色彩的功能性

色彩搭配时,还必须注意色彩的功能性,如标题资讯、链接点、已浏览的链接等,都是网页设计与其他设计的不同点。功能性还牵涉到普遍浏览习惯的认知问题,例如链接点多以蓝色表示。如图 2－3－31 所示。

图 2－3－31　色彩的功能性

5. 注意色彩的诱目性及视认性

一般来说，彩度高、鲜艳的颜色，诱目性也较高。诱目性的色彩可以应用在一些标题区或活动区，吸引使用者直接点击。但诱目性高的色彩搭配不一定视认性也高，如鲜红与鲜绿的搭配，诱目性极高，但视认性却很低。对于强调资讯内容的画面，还是必须以容易阅读为第一优先考虑，不要让配色妨碍阅读。如图 2－3－32 所示。

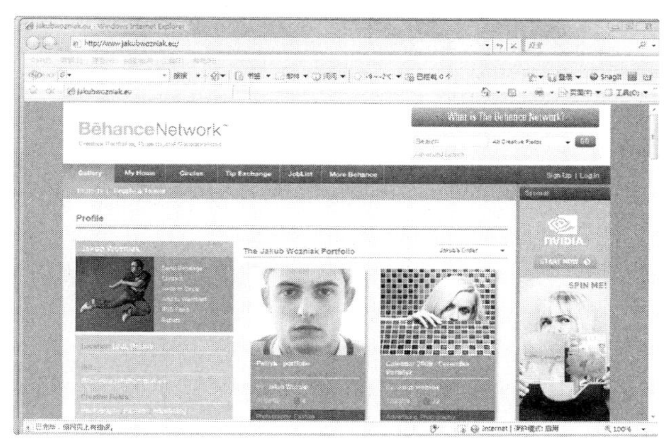


图 2－3－32 色彩的诱目性

6. 注意色彩的周期性

没有一种色彩组合是可以历久不衰的。色彩的定义会因时、因地、因人产生不同解读。就时间来看，在色彩组织上，除了注意色彩的流行性外，适时的变化可以让使用者的目光停留得更久。如图 2－3－33 所示。

图 2－3－33 色彩的周期性

7. 色彩搭配的方法

一是将色彩尽量控制在三四种；二是背景色与前面文字的对比要大，以便突出文字内容；三是重视对无色彩系列，即黑白灰系列的运用，因为黑白灰是一种辅助色彩，在色彩上起着烘托和陪衬的作用，丰富的调性变化使之能够调和和统一网页色彩。黑白灰也是一种约定俗成的象征色彩，如许多高价位的商品喜欢用黑色来衬托其高级的形象，表现其特性。在广告、汽车等专业的行业网站中就可以运用这类色彩。浏览一下大型商业网站，你会发现它们大都用自己产品的色彩或公司的标识色来做主色调，用以宣传强化自己在浏览者心目中的印象。

除此之外，更多地运用白色、蓝色、黄色或其他较亮丽的颜色搭配，使网页显得典雅、大方、清新，又不失活泼。因此，多留意优秀网站的配色方案，也是提高用色能力的一种途径。

（五）如何选择适合的网页色彩

1. 明确网站的主题、服务对象及用色彩要表达的目的

要确定一个网页用什么色彩合适，即什么色彩适合什么网站。你必须要先弄明白该网站的主题和它的服务对象，以及你通过色彩希望达到的目的。如某网站的服务对象主要是儿童，其网页设计不仅采用卡通和声音等形式，还选择了非常鲜艳活泼的色彩。如图 2－3－34 所示。

图 2 - 3 - 34　色彩的使用对象

2. 确定网页的主色调

主色是指页面中相对较大面积使用的色彩,反映着整个网页的风格。根据网站的主题、服务对象及用色目的,给网站的网页选一个主色调,以形成一定风格。整个网页最好只有一个主色调。主调色彩一般可用公司的标准色,这符合公司的形象战略,可以提升公司形象。有关健康的题材可以采用绿色,因为绿色代表蓬勃的生命力。需要注意的是,应尽可能在浏览器的安全颜色范围内选择主色。如图2 - 3 - 35所示。

图 2 - 3 - 35　网页主色调

3. 根据主调色选择辅助色彩

辅色是指页面中相对较小面积使用的色彩。它是主色的衬托,使用恰当能起到画龙点睛的作用,通常应用于图标、文字、表格、线条、输入框及超链接。

主调色确定后,可选一至两种辅助色配合使用,整个网页的色彩最好控制在三色之内。如果整个网页采用单色调,即只用一种色相,其辅助色只是在明度和纯度上加以调整,间用中性色。采用单色调,易形成一种风格,在网页的局部要采用少量小面积的对比色以达到丰富页面的效果,网页的辅助色用主调色的邻近色,也可用对比色。如图 2 - 3 - 36 所示。

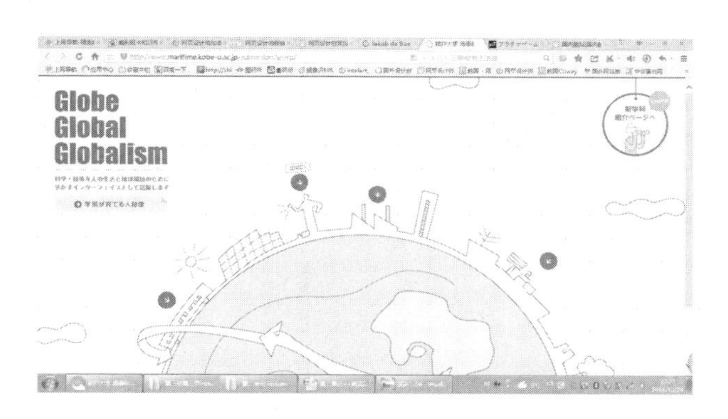


图 2－3－36　**网页辅助色调**

4. 确定背景和文本的色彩

背景色是主页的底色，有时和主色是同一色彩。背景和文本的色彩对比要尽量大（一般明度对比为 3∶1 到 5∶1），以便突出主要文字内容，但不要过于亮丽，以免造成过强刺激的视觉效果。正文和标题的背景色可以不同，一般正文的背景色用淡雅色较佳，标题的背景色可用较鲜艳的。背景色如果以白色等淡色为主，其文本色要用低明度有彩色，这种搭配较利于阅读。如图 2－3－37、图 2－3－38 所示。

图 2－3－37　**网页背景和文本色彩**

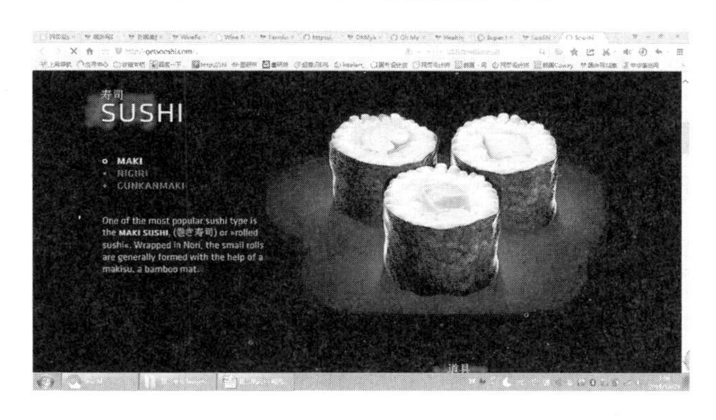


图 2－3－38　**网页背景和文本色彩**

5. 确定超链接、超链接翻转效果、当前超链接及已访问的超链接的色彩

超链接的文本色彩与其他文本的色彩要有差别，以利于浏览者进一步链接；如果利用

翻转效果，其翻转效果的色彩应与超链接色彩不同，这样可以突出已选到的超链接，但翻转效果的色彩可以与当前超链接的色彩相同，已访问的超链接的色彩可以与超链接的色彩相同，也可以不同。如图 2－3－39、图 2－3－40 所示。

图 2－3－39　网页中超链接的色彩使用

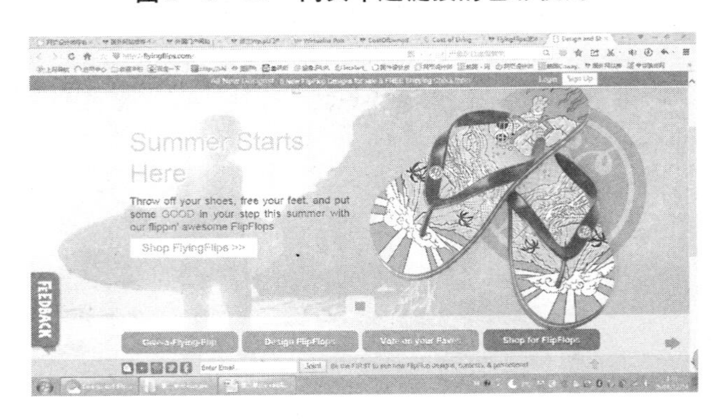


图 2－3－40　网页中超链接的色彩使用

## 拓展提高

### 网页色彩的搭配技巧

网站页面设计中最难处理的可能就是色彩搭配的问题了。如何运用最简单的色彩表达最丰富的含义，体现企业的形象，是网页设计人员需要不断学习、探索的课题。

1. 运用相同色系色彩

所谓相同色系，是指几种色彩在 360°色相环上位置十分相近，大约在 45°或同一色彩不同明度。这种搭配的优点是易于使网页色彩趋于一致，对于网页设计新手有很好的借鉴作用。这种搭配颜色的方式比较容易塑造网站整体页面和谐统一的氛围，缺点是容易造成页面的单调，因此往往利用局部加入对比色来增加变化，如局部对比色彩的图片等。

2. 运用对比色或互补色

所谓对比色，是指色相环相距较远，在 100°左右，视觉效果鲜亮、强烈。互补色则是色相环上相距最远的色彩，即相距 180°，其对比关系最强烈、最富有刺激性，往往使画面十分突出。这种用色方式容易塑造活泼、律动的网页效果，特别适合体现轻松、时尚为主要风格的网站,缺点是容易造成网页颜色过多,像调色盘一样混乱,因此使用这种方法时应注意色彩使用的度和数量。

值得注意的是,以上两种用色方式在实际应用中要注意主体色彩的运用,即以一种或两种色彩为主,其他色彩为辅,不要几种色彩等量使用,以免造成色彩的混乱。

3. 使用过渡色

过渡色能够神奇地将几种不协调的色彩统一起来,在网页中合理地使用过渡色能够使色彩搭配更上一层楼。过渡色包括几种形式:两种色彩的中间色调,单色中混入黑、白、灰进行调和以及单色中混入相同色彩进行调和等。

### 思考练习

1. 简述网络色彩模式的特点。
2. 在视觉传达设计中应用色彩时需要注意哪两种要素?
3. 分别简述红、黄、绿、紫、白等五种颜色的象征意义。
4. 随机挑选五种颜色,简述你对所选颜色的感受。
5. 商务型网站和娱乐网站的色彩设计特点分别是什么?
6. 网页设计中色彩元素的编排有哪些规律和方法?

# 任务4 网页美工版式编排设计方法

### 任务概述

网站页面设计中的“版式编排设计”指的是将网页中的图形(图像)、文字、色彩、动画、音频、视频等元素,通过基本的视觉传达设计规律和方法进行合理安排和设计的过程。经过版式编排设计后的网站页面,就是浏览用户在计算机显示器中看到的最终页面(包含网站页面设计中的框架、表格、层概念)。版式编排设计是将理性思维个性化展现、使网站页面形成个性风格和艺术特色的视觉传达方式,它在传达网页内容信息的同时,也会传达给浏览者感官上的美感及精神上的享受。

本任务从网页版式编排的基本规律、网页版面编排设计的结构布局、网页版面编排设计的视觉流程规律和方法三个方面阐述了网页版式编排的基本设计规律和方法,深入学习和掌握这些原理和设计方法是网页美工设计的重要技能。

### 任务目标

- 能够深入了解网站页面版式编排设计的基本规律

- 熟练掌握网页版式编排设计的方法
- 掌握网页视觉流程的门类并应用到网站页面设计中

## 学习内容

网页的版式设计，是在屏幕空间上将元素进行有机组合，利用页面中的各种构成要素均衡、调和、律动的视觉导向来传达信息，根据网站主题的要求予以必要的元素关系设计，进行视觉的关联和合理配置。一个成功的网页版面设计不仅能提高版面的注意价值，且有利于该网页主题的信息传达并加强对浏览者的视觉留存。

美国自然主义美学家乔治·桑塔耶纳早在 1896 年就断言："美学上最显著最特色的问题是形式美的问题。"可以说，凡是优秀的作品，都自觉地运用了形式美的规律。反之，盲目的设计总要走弯路，设计水平也难以提高。如图 2－4－1、图 2－4－2 所示，运用了设计中的形式美法则使网页更加优美、生动。

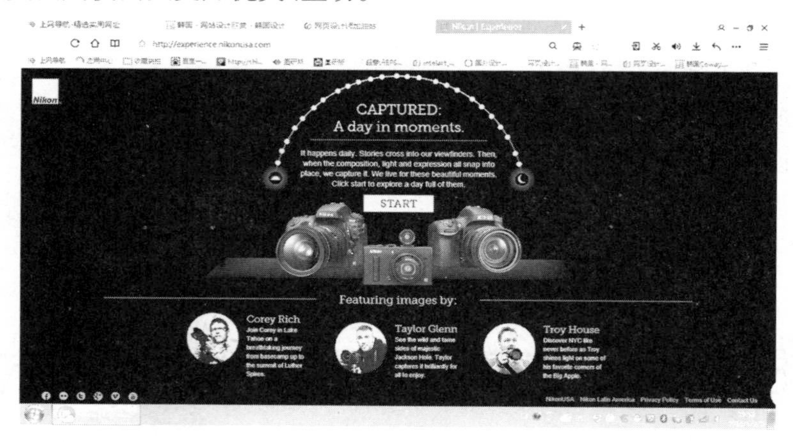


图 2－4－1　运用了形式美法则的网站页面

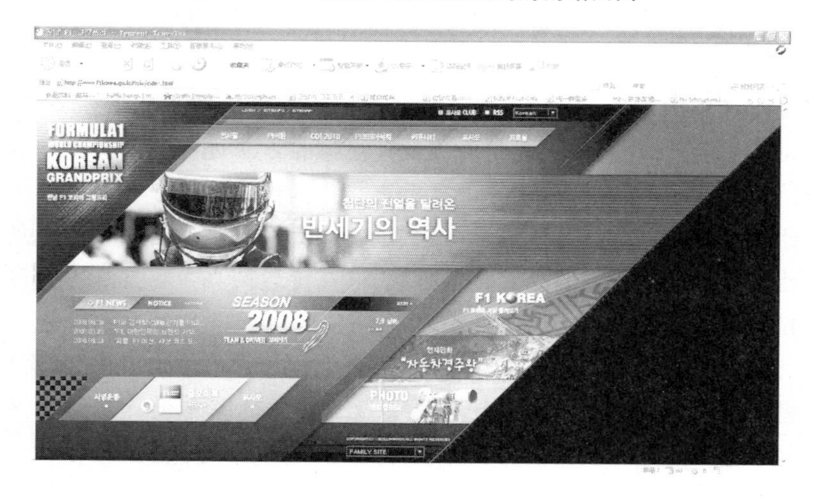


图 2－4－2　运用了形式美法则的网站页面

依据网站内容、性质的不同,受众浏览网站的目的、在站内逗留的时间、阅读信息方式的不同,策划网站页面的编排创意、站内的文字资料的配置方式以及设计的自由度等也不尽相同。网站页面进行版式的编排时,需要结合页面主题与素材,调整页面平衡,在不对称中找均衡,在统一中求变化,通过反复调整获得秩序,引导人们获得最佳视觉效果,从而完成站点信息快速有效的传递。

## 一、视觉传达设计中版式编排的基本规律

### (一)秩序与单纯

单纯与秩序是形式美的基本法则之一。单纯,包括基本形的简练与版式结构的清晰明了,能产生强烈的视觉冲击力,使页面获得完整、有序的视觉效果。

秩序是同单纯相关的概念,是指网页页面中各视觉元素有组织有规律的形式表现。秩序产生单纯的视觉效果。当我们接到一项网页设计任务时,面对各种凌乱的资料,需要运用理性和逻辑思维,对各种材料进行大胆取舍,创建清晰有秩序的形式感。

如图2－4－3、图2－4－4所示,网站页面中运用了单纯与秩序的形式美法则,使网站页面简洁生动,条理清晰。

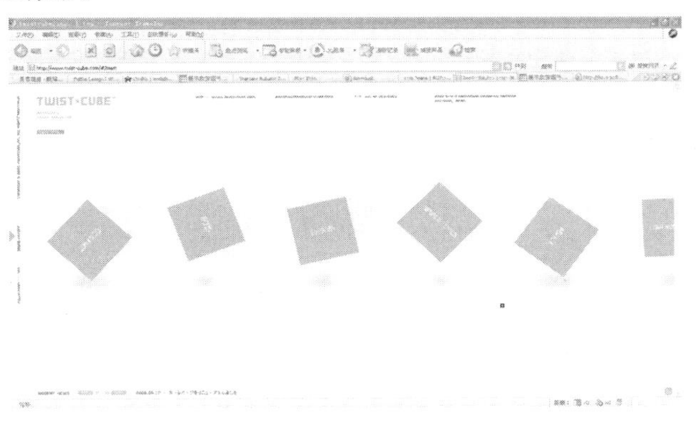


图2－4－3 单纯与秩序手法的使用(一)

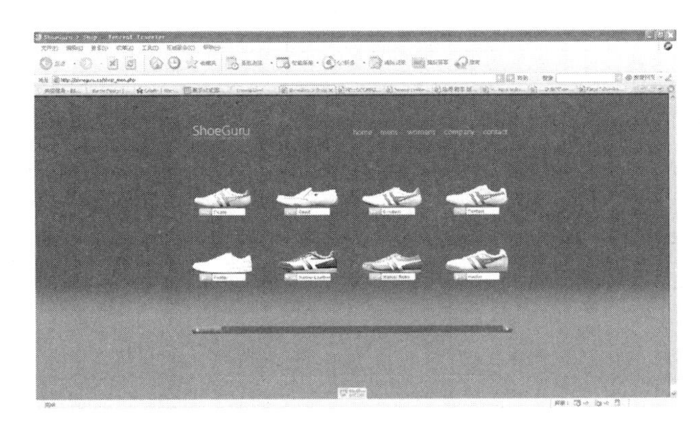


图2－4－4 单纯与秩序手法的使用(二)

### (二)韵律与节奏

一般而言,节奏主要用于音乐领域,而韵律主要用来分析诗歌。但是,人的视知觉和

触觉也存在“通感”,因此,节奏和韵律在网页版式设计中也有了广泛的应用,成为网页版式设计形式美的重要法则之一。

节奏是形式美中与运动相关的法则,它是均匀的重复,是在不断重复中产生频率节奏的变化。如潮涨潮落、四时更替、花开花落等,都可视为一种节奏。节奏的产生有两个基本条件:一是对比或对立因素的存在,即具有质的差异和对立关系的视觉习惯因素的并置或连续呈现,在一定前提下指数量的较大程度的差异和对立;二是有规律的重复。节奏体现的是事物的一种连续变化秩序。

韵律不仅是节奏简单的重复,而是更高一级的律动,是不同节奏的巧妙结合,是视觉要素的组合符合某种规律时浏览者在视觉和心理上的感受。这些规律主要存在于对比例、轻重、缓急或反复、渐层等形式的把握。韵律是通过节奏的变化而产生的。但因变化太多而失去秩序时,韵律的美也就不复存在。

如图2-4-5、图2-4-6所示,运用了节奏与韵律的形式美法则后,会使网站页面更加生动和丰满。

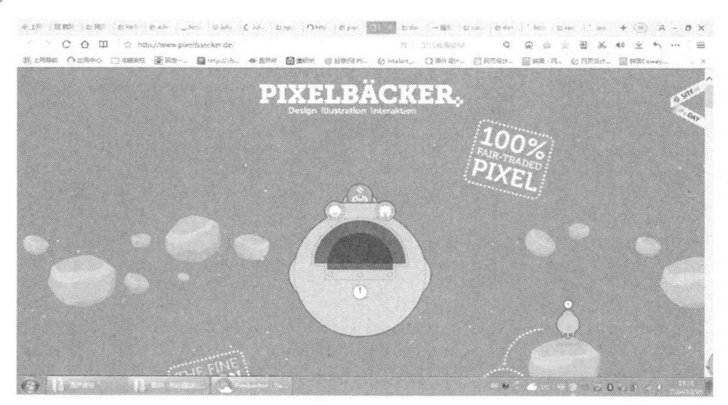


图2-4-5 节奏与韵律手法的使用(一)

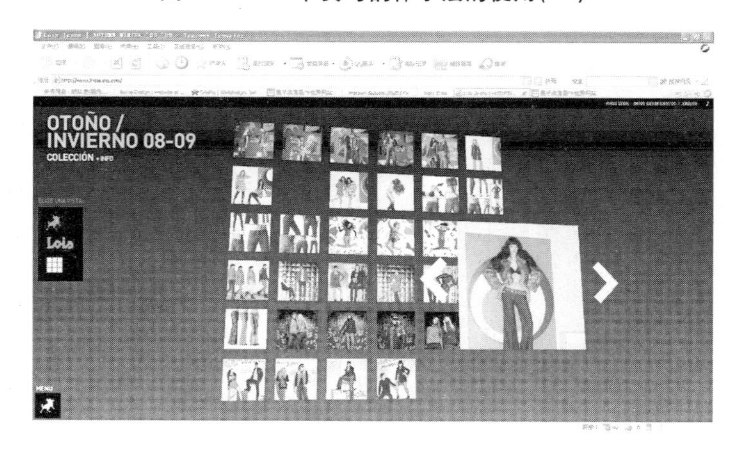


图2-4-6 节奏与韵律手法的使用(二)

(三)对称与均衡

阿恩海姆的视知觉理论认为:区别于物理上的重量平衡,人们在视觉上接受某一事物的形体时，在一定条件下也能产生一种心理上的平衡。如，同一重量的两件 T 恤，色彩浓的那件比色彩淡的心理重量要重很多，由此引出了视觉均衡的概念。均衡，是指视觉中心两侧不同形式的视觉因素的大体等量关系，具体些就是两侧色块、形状或造型在视觉判断上分量或体量上的相应。均衡的追求能使人产生视觉上的稳定感，而对均衡形式的处理要结合信息的内容来进行。

本质上说，对称是一种最简单的均衡。生活中，对称的形式被大量应用在传统装饰艺术中。对称可分为绝对对称和相对对称两种。绝对对称，是指页面中心的两边或四周具有等量又等形的形态，这是一种完全的对称。如果这些形态基本相等而略有变化，则称为相对对称。

绝对对称，给人庄重、严肃之感，是古典主义风格的表现，但处理不好易呆板。相对对称与均衡是比较常见的版式形式。

如图 2－4－7、图 2－4－8 所示，大部分网站页面采用了均衡或对称的画面处理方式，特别是图中，以绝对对称手法构成的页面，沿中轴线严格平分上下左右空间，配以精致的线条，给人以严谨之感，其中页面中心为动态影像，使整体页面设计不至于太僵硬。

图 2－4－7　均衡与对称手法的使用(一)

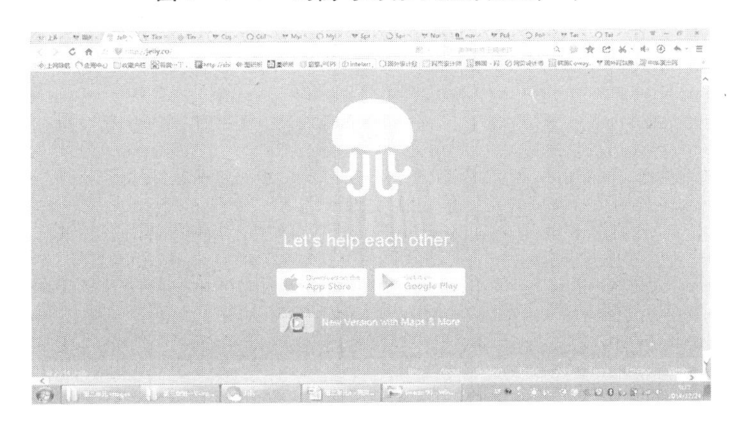


图 2－4－8　均衡与对称手法的使用(二)

（四）对比与调和

网页版式设计中的对比，指差异明显的视觉造型元素。对比产生的美感具有强烈的特征，容易形成视觉的中心点，起到活跃造型的作用，主要表现形式有图形、形体对比及空间对比，质地、肌理对比，色彩对比，方向对比，表现手法对比，虚实对比等。它们彼此渗透，相互并存。通常，对比越鲜明，视觉效果就越强烈。需要注意的是，对比是事物的差异和对立但同时对比离不开统一。另外，在对比的同时产生调和，也是实现风格统一的具体方式。

调和，是指在版式设计中类似或不同类的视觉元素之间寻找相互协调的因素。调和大致可分为两种情况：一种是相似调和，指不相同的色彩、线条、形状、形体的相像或相近所形成的调和；另一种是渐变调和，即某一造型因素逐渐变化所形成的调和。

在形式美的研究中，对比强调差异，产生冲突，调和寻求共同点，缓和矛盾。优秀的页面常表现为既对比又调和，两者相互作用，不可分割，共同营造页面的美感。

如图 2－4－9 所示，网站是以调和为主的页面，但细节处理却不乏对比，使页面稳重，严谨中透出活泼的气氛。

如图 2－4－10 所示，网站页面版式设计中通过图形大小的对比、曲线的流动以及字体的变化，使网站页面产生了近似于嬉哈风格音乐一样的韵律，体现出流行与时尚的文化气息。

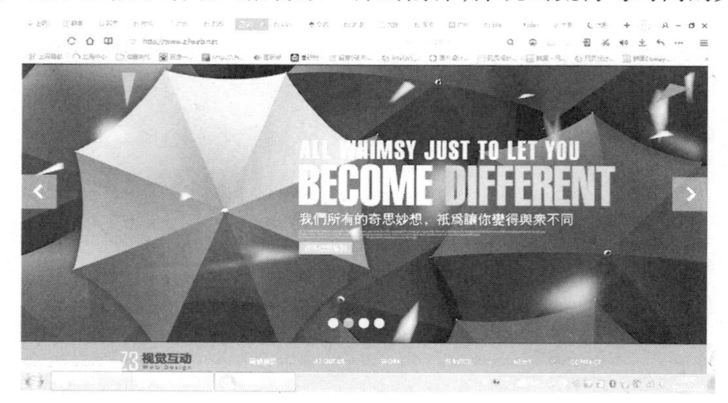


图 2－4－9　对比与调和手法的使用（一）

图 2－4－10　对比与调和手法的使用（二）

（五）变化与统一

网页版式设计统一中有变化，能够减轻网页浏览者的视觉疲劳，是网页设计中最基本、最简单的形式美法则。

统一与变化中，占统治地位的是统一；变化不是无序的变化，而是统一中的变化。网页版式设计中的统一主要包括版式的统一、字体的统一、设计风格与均衡方式的统一以及明暗色调的统一等。将有相同特征和形状的视觉元素在页面各处重复出现，能使各个局部之间具有一致性和规律性，有效地实现统一。

同时也应该注意，物极必反，过于强调统一会使人感觉单调、呆板。解决的方法是：在版式、图片、色彩、线条、形体等细节方面做相应的调整，求得统一中有变化的视觉效果。如图 2－4－11、图 2－4－12 所示，相同的视觉元素在不同的页面中重复出现，形成了统一的网站风格。

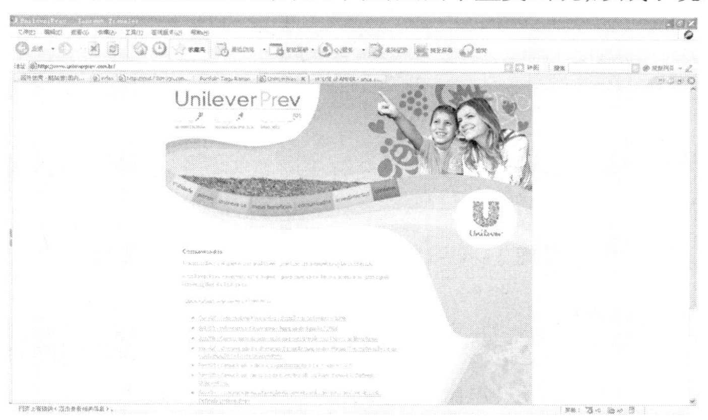


图 2－4－11　统一与变化手法的使用（一）

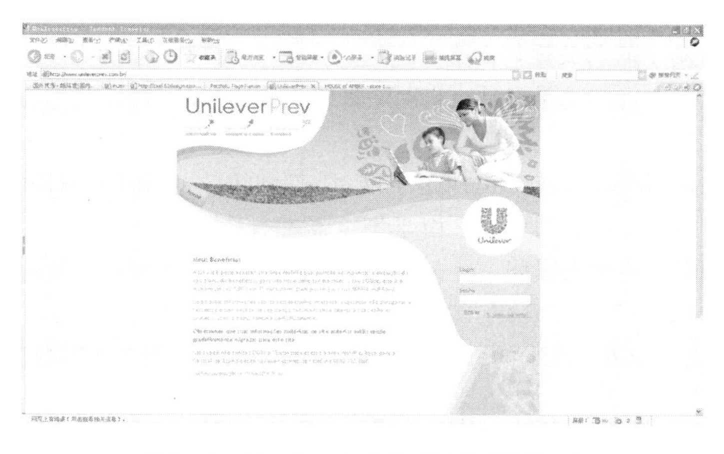


图 2－4－12　统一与变化手法的使用（二）

（六）空间留白

网站的页面原是一片空白，当一行标题、一些文字或一个图形以不同的视觉形状出现在画面上时，就形成了图与底、形与形的上下前后的空间感觉。而这种空间感觉随着形状蕴含的内容不同而有所区别。空间留白是为了集中视觉，以突出文字和图形。正确而巧妙地运用空白,常常能得到“此时无声胜有声”的意境,可以说善于运用空白是增强视觉传达的有效手段。

网页版式设计的空间处理既体现在可视的、有形的各造型元素在页面的面积、大小及位置上,也体现在对虚的空间的经营上,甚至较之实的空间更为重要,也更能体现出设计者的创意风格、个性及艺术造诣。对比产生强调的效应,和谐是统一整体的要义,而留白则使页面获得庄重和空间感。实践中,要根据不同的设计内容灵活处理。如图 2-4-13 所示。

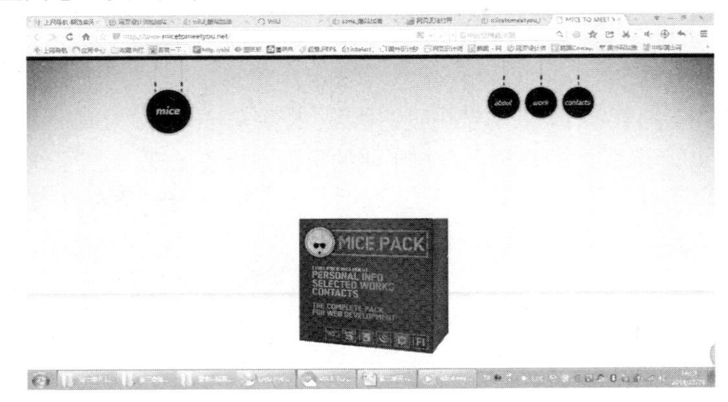


图 2-4-13　空间留白的处理手法

## 二、网页中的结构布局

网站的页面设计不仅仅是把相关的内容按照形式美的法则放到网页中去,它还要求网页设计者能够把这些内容合理安排,给浏览者以赏心悦目的感受,达到内容与形式的完美结合,增强网站的吸引力。以最合适浏览的方式将文字和图片排放在页面的不同位置,网页的布局结构就显得尤为重要。

### (一)网页布局中的相关设计元素

网页布局设计中的相关元素是决定网站最终浏览效果的基础,基本有以下几种:

#### 1. 网页页面尺寸

显示器的大小及分辨率的高低决定了网页显示页面的尺寸,即网页的最大局限性在于页面显示无法突破显示器的范围。由于浏览器本身也占用了网页显示的一部分,能显示网页的页面范围已经相当紧张。一般情况下,显示器在 640×480 像素的分辨率下,页面的显示尺寸为 620×311 像素;在 800×600 像素的分辨率下,页面的显示尺寸为 780×428 个像素;在 1 024×768 像素的分辨率下,页面的显示尺寸为 1 007×600 像素。

#### 2. 网页整体造型

造型指创造出来的物体形象,这里指网站页面的整体形象。尽管显示器和浏览器都是矩形,但对于网站页面的造型,则可以充分运用各种形状以及它们的组合——矩形、圆形、三角形、菱形等形态。需注意:图形与文本的结合应该层叠有序。如图 2-4-14 所示。

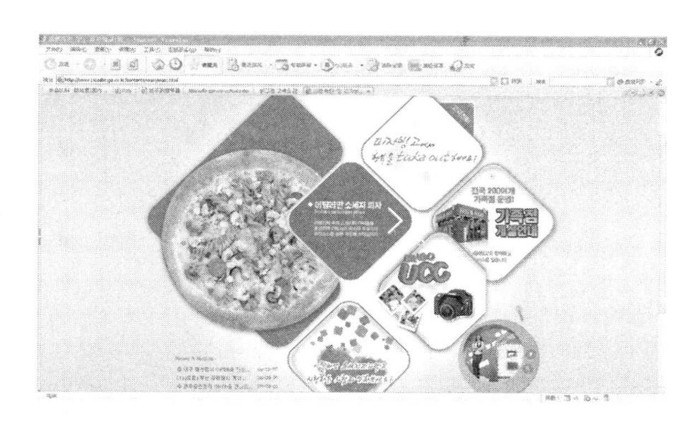

图 2－4－14 方形的组合造型

3. 网页页头

在普通文档的信息组织中“页头”又称为“页眉”，页眉的作用是定义页面的主题。例如，一个站点的名字大都显示在页眉里，使浏览者一看就能知道该站点的主题是什么。如图 2－4－15 所示。

图 2－4－15 网页页头的设计

4. 网页文本

文字是网页设计中的主体，是传达网站信息最重要的方式。一方面，因为浏览网页上的文本和看书很相似，比较符合大多数浏览者的阅读习惯；另一方面，也因为文本所需要的存储空间非常小。文本的摆放位置决定着整个网页页面布局的可视性。如图 2－4－16、图 2－4－17所示。

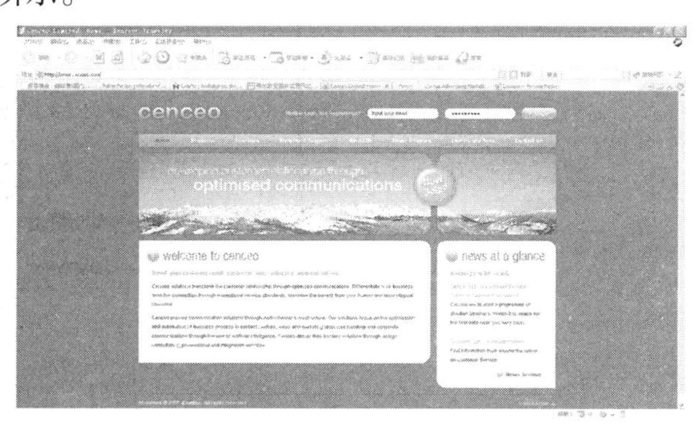


图 2－4－16 网页文本的设计(一)

图 2-4-17　网页文本的设计(二)

5. 网页页脚

网页的页脚是和页眉相呼应的。网页布局中的页眉是放置站点主题的地方,而页脚是放置作者或公司等各种制作信息的地方。如图 2-4-18 所示。

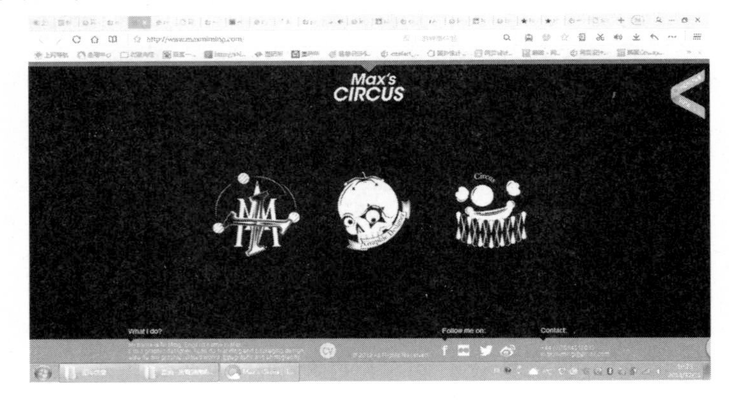


图 2-4-18　网页页脚的设计

6. 网页图片

图片在网站页面的设计中占有非常重要的地位。因为采用图片可以减少纯文字给人的枯燥感,巧妙的图像组合可以带给浏览者美的享受。如图 2-4-19 所示。

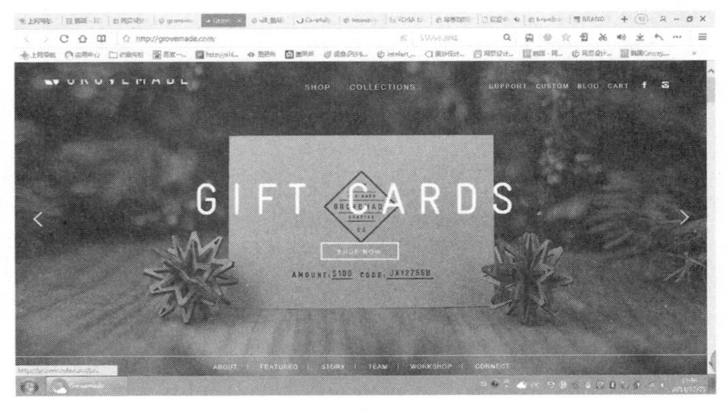


图 2-4-19　网页图片的设计

7. 网络多媒体

多媒体一般指音频、视频、动画、虚拟现实等信息的传播形式。将多媒体技术引入到网页设计中,可以很大程度上吸引浏览者的注意,从而增加网站的信息传播。利用多媒体文件可以制作出更有创造性、艺术性的作品,它的引入使得网站成了一个有声有色、动静相宜的世界。如图 2-4-20 所示。

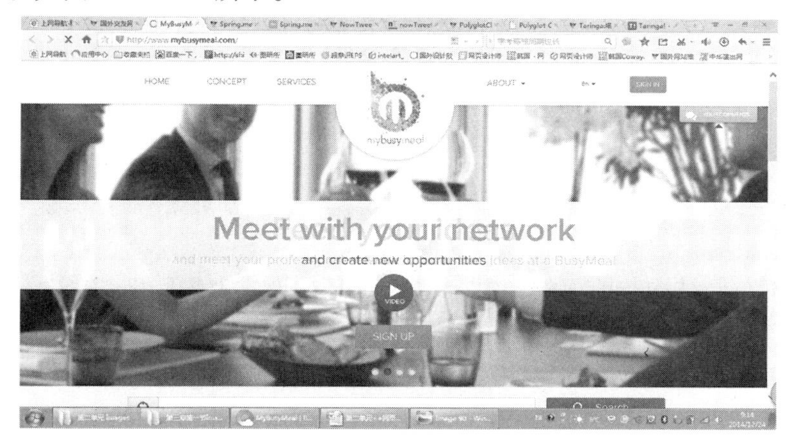


图 2-4-20 网络多媒体技术的应用

(二)网页的布局类型

网页设计中的"布局"要素是决定网页整体视觉感受比较重要的环节。单个网页可以说是网站构成的基本元素,网页的布局则是网页设计中的基础框架,其布局大致可分为"国"字型、拐角型、标题正文型、左右框架型、上下框架型、综合框架型、封面型、Flash 型、变化型等。

网页布局的合理安排和选择应视具体情况具体分析,如果内容多,就要考虑用"国"字型或拐角型;网页布局的选择是由网站性质和定位来决定的,门户网站雅虎网页就是典型的"国"字型布局。如果内容不算多而一些说明性的东西比较多,则可以考虑标题正文型,框架结构的一个共同特点就是浏览方便,速度快,但结构变化不灵活;如果是一个企业网站要展示企业形象,或个人主页要展示个人风采,封面型是首选的布局;Flash 型则更灵活,好的 Flash 动画大大丰富了网页内容,但不能表达过多的文字信息是这一类型的主要弱点。因此,网页设计还是应根据实际设计内容来表现网站的特色和人性化设计。

1."国"字型布局

也称为"同"字型布局,是一些大型网站所喜欢的类型,即最上面是网站的标题以及横幅广告条,接下来就是网站的主要内容,左右分列一些小条内容,中间是主要部分,与左右一起罗列到底,最下面是网站的一些基本信息、联系方式、版权声明等。"国"字型布局是网站设计中应用最多的,如图 2-4-21 所示。

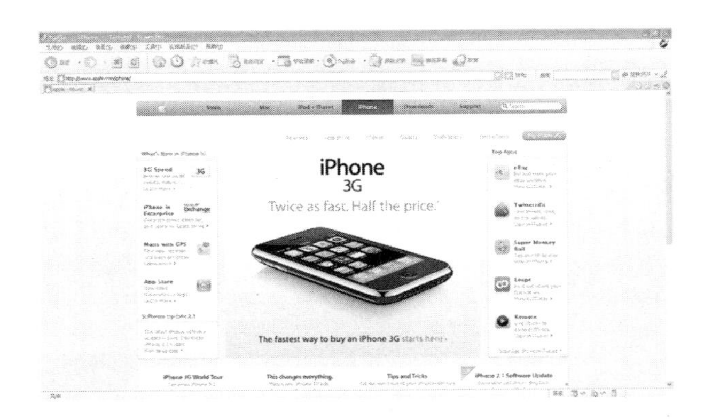


图 2 - 4 - 21 “国”字型布局示例

2. 拐角型布局

这种网页布局结构与前面的“国”字型结构只是形式上的区别，其实是很相近的，上面是标题及广告横幅，接下来的左侧是一窄列链接等，右列是很宽的正文，下面也是一些网站的辅助信息。在这种布局类型中，最常见的类型是最上面放置标题及广告，左侧是导航链接。如图 2 - 4 - 22 所示。

图 2 - 4 - 22 拐角型布局示例

3. 标题正文型布局

标题型布局样式即最上面是标题或类似的信息，下面是正文。例如，一些文章页面或注册页面等就是这种类型。如图 2 - 4 - 23 所示。

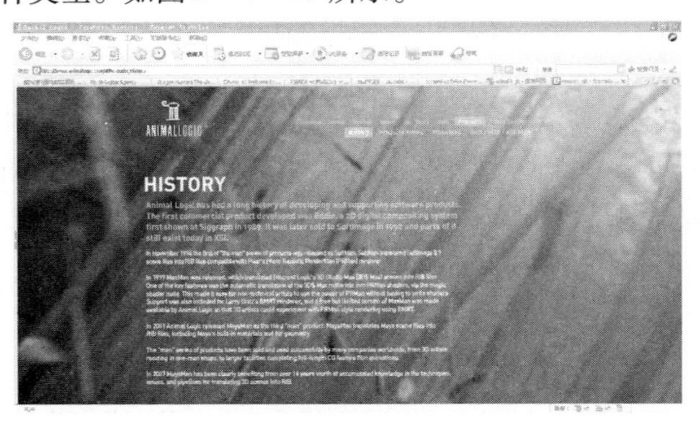


图 2 - 4 - 23 标题正文型布局示例

4. 左右框架型布局

左右框架型布局，左右为分别两页的框架结构，一般左面是导航链接，有时最上面会有一个小的标题或标志，右面是正文。这种布局类型结构非常清晰，一目了然。大部分大型论坛都是此种布局的结构类型，一些集团企业网站也喜欢采用这种类型。如图 2－4－24 所示。

图 2－4－24　左右框架型布局示例

5. 上下框架型布局

上下框架型布局与前一种布局结构类似，区别仅仅在于它是一种上下分为两页的框架结构。如图 2－4－25 所示。

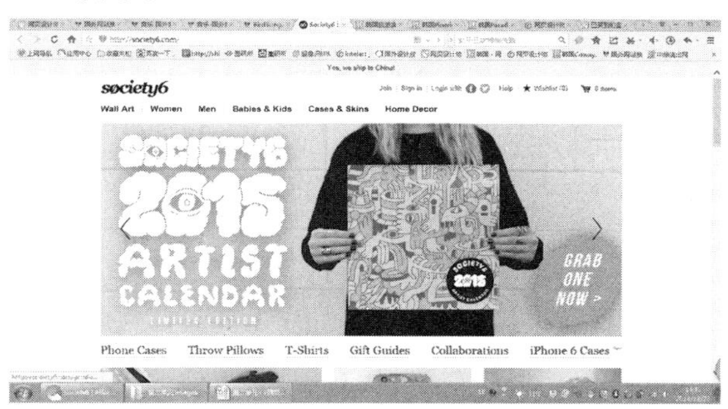


图 2－4－25　上下框架型布局示例

6. 综合框架型布局

综合框架型布局是前面两种布局结构的综合，也是相对复杂的一种网页框架结构，较为常见的是类似于“拐角型”布局结构，只是采用了其中的框架进行布局。如图2－4－26所示。

图 2－4－26　综合框架型布局示例

7. 封面型布局

封面型布局基本上是出现在一些网站的首页，大部分为一些精美的平面设计结合一些小型动画，放上几个简单的链接或者仅是一个“进入”的链接按钮，甚至直接在首页的图片上做链接而没有任何提示。这种类型的布局大部分出现在企业网站和个人网站的主页，处理得当会给人带来赏心悦目的感受。如图2－4－27所示。

图 2－4－27　封面型布局示例

8. Flash 型布局

Flash 型布局结构与封面型布局结构类似，只是这种类型采用了目前非常流行的 Flash 动画制作手法。与封面型布局结构不同的是，由于 Flash 软件强大的功能，网页页面所表达的信息更丰富。处理得当，其视觉效果及听觉效果绝不差于传统的多媒体技术制作的页面效果。如图 2－4－28 所示。

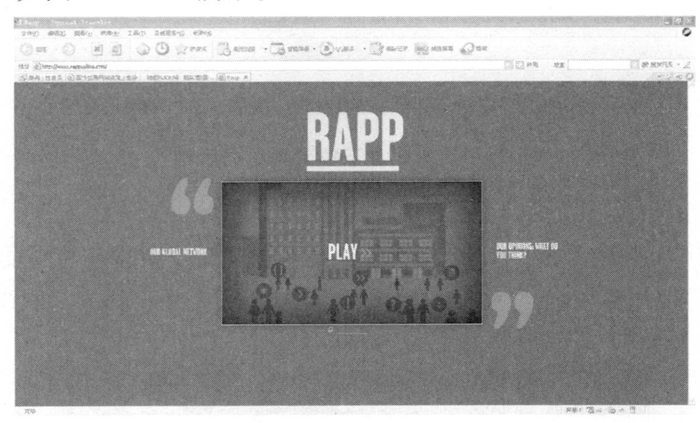


图 2－4－28　Flash 型布局示例

9. 变化型布局

变化型布局即上面几种类型的结合与演化类型。如图 2－4－29 所示。

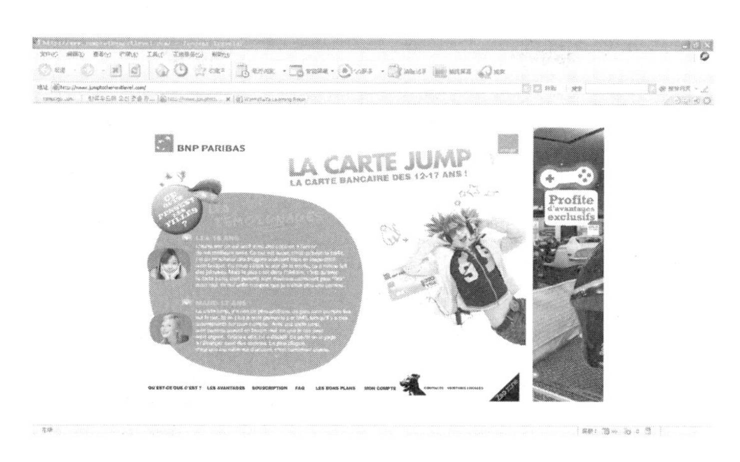


图 2-4-29 变化型布局示例

10. 对于网页版面布局技巧的建议

(1)加强视觉效果

随着网络的普及,人们每天的网页浏览量在成倍增长。此时的网站页面设计,就需要更多考虑如何能够吸引浏览者的视线,从而增强网站的浏览量,进而起到宣传网站的效果。那么,强烈的页面视觉效果就是重要的手段,要通过有趣的版面布局和元素编排,使网站在第一时间抓住浏览者的视线,如图 2-4-30 所示。

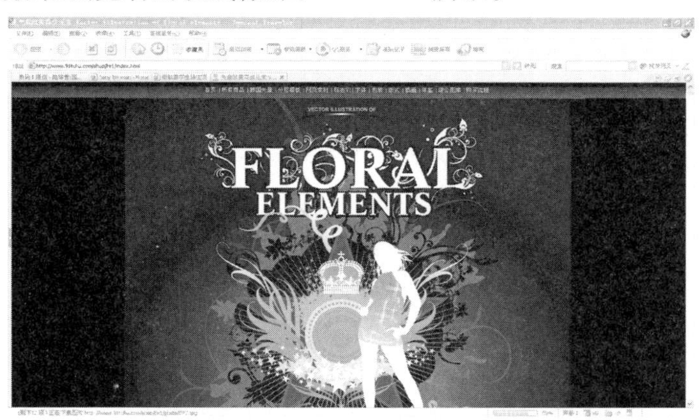


图 2-4-30 视觉效果强烈的布局

(2)加强文案的可视度和可读性

设计制作网站的目的是宣传网站所需传达的信息,文字信息是重要的传达方法。但网页的阅读与传统印刷品的阅读习惯还是有区别的,不能为了追求强烈的页面视觉效果而丢失文字的阅读性,如图 2-4-31 所示,重色块的底色给人强烈的视觉感受,如果上层的文字也采用重色(如黑色、灰色)的文字,就会产生无法阅读或者阅读费劲的视觉感受,无形中就会降低网站信息传达的有效度。

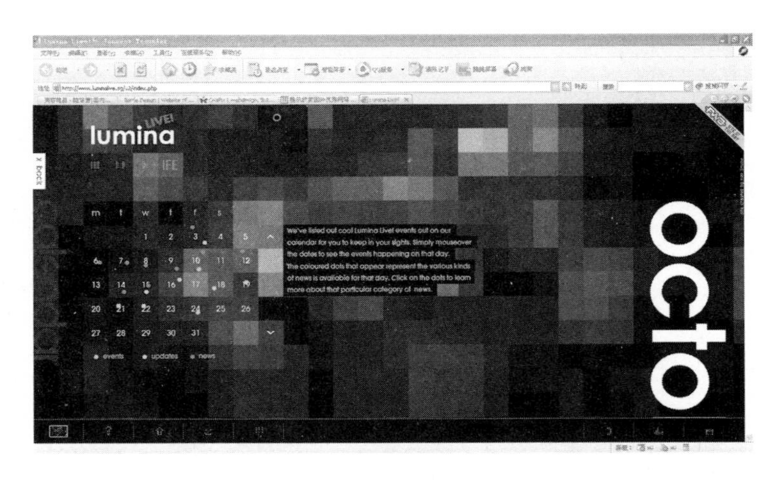


图 2－4－31　流畅的文案阅读流程

(3)统一的视觉感受

网络上充斥着数量繁多的网站,每个网站的页面风格都不尽相同。此时想引起浏览者的注意,就需要保持网站页面的统一的视觉感受,用同样的网页布局、同样的表现手法、同样的设计风格来传达统一的网站信息,达到更好的传达效果。如图 2－4－32 所示,轻松的插画表现手法营造出轻松、欢乐的网站风格,使浏览者眼前一亮,从而更加轻松地接受网站传达的信息。

图 2－4－32　统一的视觉风格

(4)新鲜和个性是布局的最高境界

网络技术的更新非常迅速,相应的,网站页面设计的变化也非常快捷。如何保持网站页面的新鲜和个性成为网页设计中永久的课题。如图 2－4－33 所示,将所需传达的文字内容放置到一个机械手臂中,单纯的背景衬托下,整个页面设计充满了趣味。

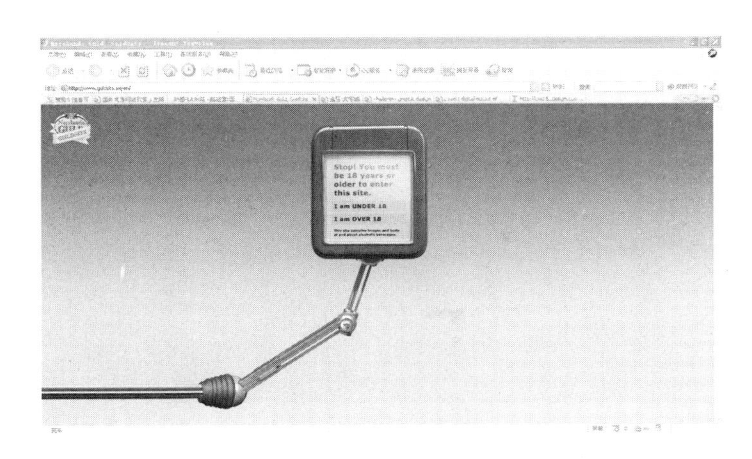


图 2－4－33　充满个性的页面布局

优秀的网页布局能够使网页设计成功的可能性大增，因此，掌握网页版面布局的技巧是做好网站设计极为重要的环节。

## 拓展提高

### 网页页面视觉流程设计规律和方法

视觉流程，是视线在观赏物上的移动过程，是二维或三维空间中的视线运动。网站页面设计中视觉的流动线极为重要，同时又很容易被网页设计者忽视。一条垂直线在页面上，会引导视线做上下的视觉流动；水平线会引导视线向左右的视觉流动；斜线比垂直线、水平线有更强的视觉诉求力；矩形的视线流动是向四方发射的；圆形的视线流动是辐射状的；三角形则随着顶角之方向使视线产生流动；各种图形从大到小渐层排列时，视线会强烈地按照排列方向流动。如图 2－4－34、图 2－4－35 所示。

图 2－4－34　折线型的视觉流程

图 2 - 4 - 35　直线型的视觉流程

经验丰富的设计者善于运用贯穿页面的主线,设计易于浏览的页面。从某个角度讲,视觉流程的设计结果就是版式,与版式设计是相辅相成的关系。本部分也将对网页设计的版式设计进行总结和阐述。

(一)网页页面视觉流程的规划

视觉流程是网页版式设计的重要内容,它的筹划包含以下重要因素:

网站页面中不同的视域,注目程度不同,给浏览者心理上的感受也不同。一般而言,页面上部给人轻快、飘浮、积极、高昂之感;下部给人压抑、沉重、限制、稳定的印象;左侧,感觉轻便、自由、舒展,富于活力;右侧,感觉局促却显得庄重。

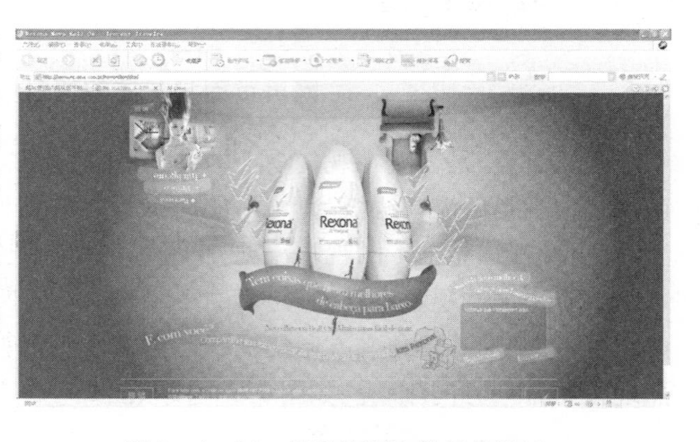


图 2 - 4 - 36　视觉流程中的最佳视域

因此,网页中最重要的信息,应安排在注目率最高的页面位置,这个位置便是页面的最佳视域。如图 2 - 4 - 36 所示。

一般浏览者的阅读习惯都是按照从左到右、从上到下的顺序进行。也就是说,浏览者的眼睛首先看到的是网站页面的左上角,然后逐渐往下看。根据这一习惯,设计时可以把重要信息放在页面的左上角或页面顶部,如公司的标志、最新消息、公告栏等,然后按重要性依次放置其他信息内容。

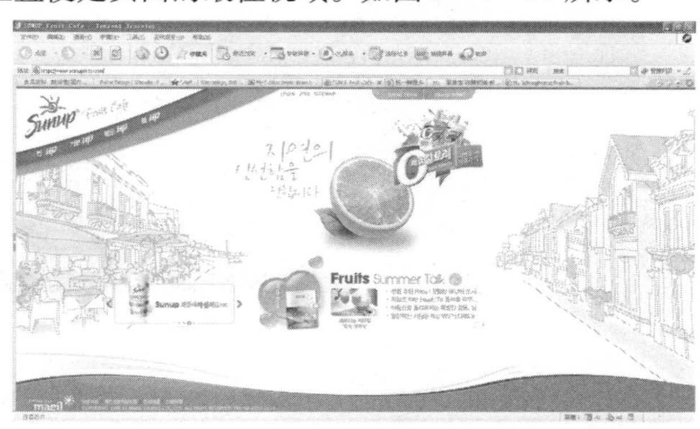


图 2 - 4 - 37　视觉流程中的浏览习惯

重要的信息应该让浏览者最容易发现,而不是深藏在多层链接之后,如图2 - 4 - 37所示。

（二）网页页面视觉流程中的视觉张力

网页页面布局的张力与收缩使得每一个网页页面都存在一个视觉焦点，都是设计者依据一定的视觉特性，对网页页面合理编排，“迫使”受众根据设计原创的引导流程进行有效的视觉交互，并使其在心理上产生一种心理场。

影响网页页面视觉力场的要素有以下方面：

1. 网页页面的版面率

版面率是网页页面中文字、图形、图像、动画、视频等的占有率，它影响着页面信息传递的效率，也决定了整个页面的视觉传达效果。一般情况下，版面率与视觉传达效果、页面创意空间成反比。版面率低，单个页面所容纳信息量较少，其视觉表现相对比较集中，因此视觉冲击力较强，同时留给设计师的创意空间自由度相对来说比较大。

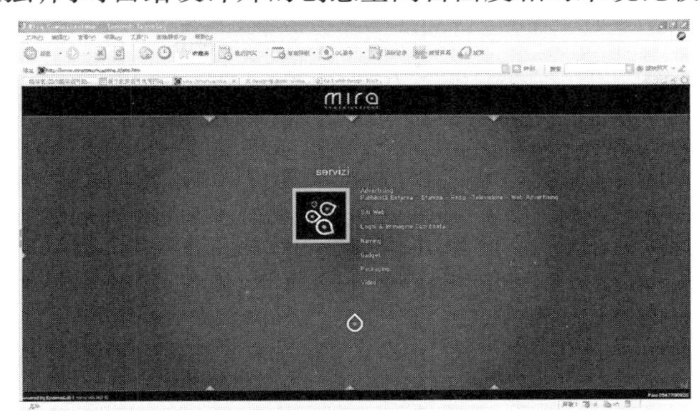


图 2－4－38　视觉流程中的版面率

在网页设计中，流行“少即是多”。由于人们比较容易记住可以人机交流的内容，在网站设计中多采用多层链接的递进方式，如同写作中的插叙手法。一方面，它满足了受众的好奇、探求的欲望，为网站的个性化风格营造了氛围；另一方面，通过人机对话（网络的互动性），诱发了受众的活力与兴趣，使得网络自然而然成为营销手段的延伸。如个人网站、设计师以及设计机构自己的网站等，其商业气息相对淡泊，大都考虑使用版面率较低的设计。

图 2－4－38、图 2－4－39 是版面率使用比较低的网页样式，图 2－4－40 是版面率使用比较高的网站页面。

图 2－4－39　视觉流程中的版面率

图 2－4－40　视觉流程中的版面率

2. 网页页面的知觉中心与视觉律动引导

网页页面的知觉中心，是页面中幻觉动态空间的中心点。所谓幻觉动态空间，是指网页页面随时的互动变化、视觉上的瞬间动态变化，其变化是与显示器的屏幕分辨率紧密结合的，针对不同的屏幕分辨率，其知觉中心也不同。一般情况下，知觉中心位于屏幕中央偏上的部位。对页面知觉中心的把握就是合理地捕获受众的视线，把重要的元素安排在页面的知觉中心，以赢得受众的视觉力场，便于突出重点。如图 2－4－41 所示。

图 2－4－41　网页的视觉律动引导

视觉引导的方式比较多，可以使主要视觉元素偏离视觉中心，引起视线的流动，但绝对不是游离于网页页面之外；也可以利用图形、符号、文字、文字序列等易识别元素吸引受众视线。

（三）网页页面视觉流程的类别

网页设计中的视觉流程主要包括以下几种类型。

1. 线型视觉流程

（1）直线视觉流程

使页面的流动线更为简明，直接地诉求主题内容，有简洁而强烈的视觉效果。直线视觉流程表现为三种形式:竖向、横向和斜向。其中,竖向视觉流程传达出坚定、直观的视觉感受,如图 2 - 4 - 42 所示;横向视觉流程传达出稳定、恬静之感,如图 2 - 4 - 43 所示;斜向视觉流程以不稳定的动势引起浏览者的注意,如图 2 - 4 - 44 所示。

图 2 - 4 - 42　竖向视觉流程

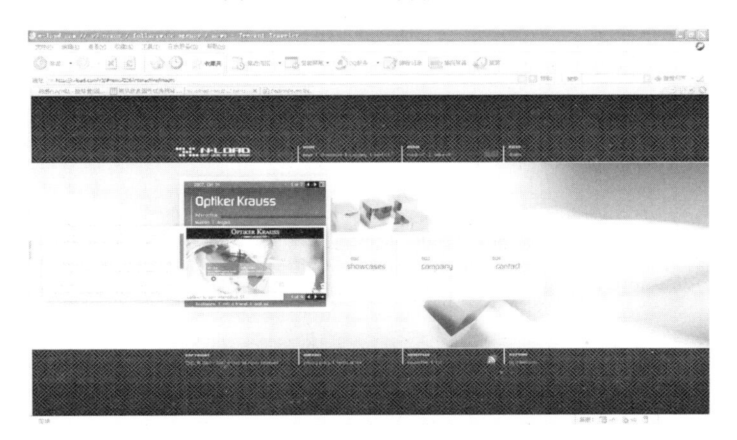


图 2 - 4 - 43　横向视觉流程

图 2 - 4 - 44　斜向视觉流程

(2)曲线视觉流程

曲线视觉流程,是由视觉要素随弧线或回旋线运动而形成的。它不如直线视觉流程直接简明,但更具流畅的美感。曲线视觉流程的形式微妙而复杂,可概括为两种:弧线形(C形)视觉流程有扩张感和方向感,如图2-4-45所示;回旋形(S形)视觉流程能够在画面中增加深度和动感,如图2-4-46所示。

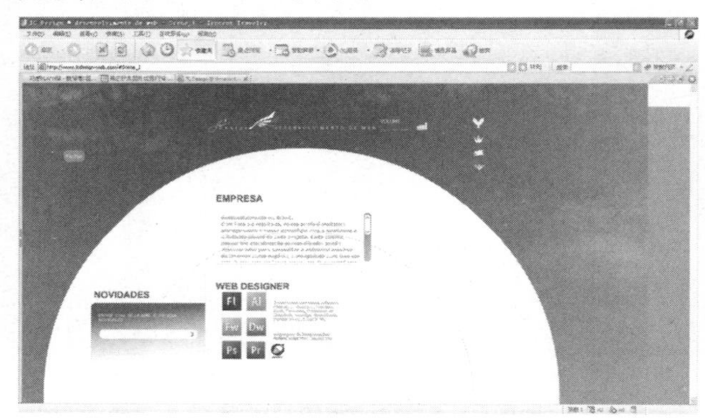


**图2-4-45 弧线形视觉流程**

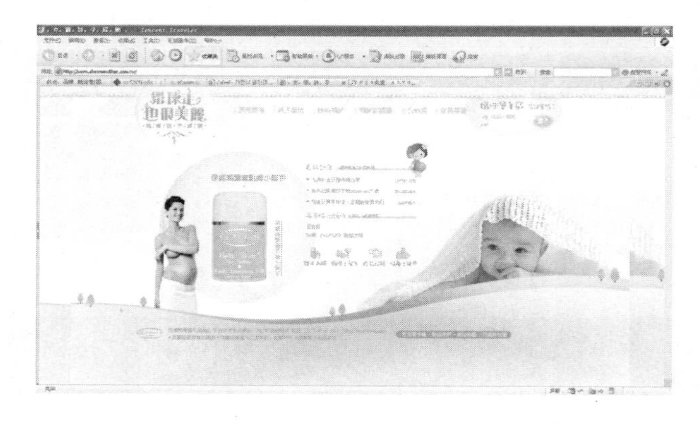

**图2-4-46 回旋形视觉流程**

2. 焦点视觉流程

每个网站页面中都有一个视觉焦点,是需要重点处理的对象。视觉焦点是否突出,和页面版式编排、图文的位置、色彩的运用有关。在视觉心理作用下,焦点视觉流程的运用可以使主题更为鲜明、强烈。

在具体的设计处理上,一般沿着视觉焦点的倾向与力度,来发展视线的进程。通常以鲜明的形象或文字占据页面某个位置,或完全充斥整版,集合浏览者的视线,完成视觉心理上的焦点建造。另外,向心、离心的视觉运动,也是焦点视觉流程的运用形式。

按照主从关系的顺序,使放大的主题形象成为视觉焦点,以此来表达主题思想,如图2-4-47所示。

将网页中的文案进行整体编排,以突出主题形象,如图2-4-48所示。

在主题形象四周增加空白量,使之成为视觉焦点,如图2-4-49、图2-4-50所示。

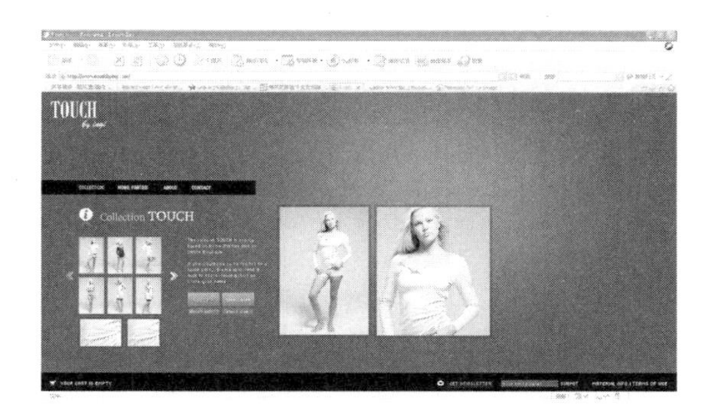


图 2－4－47　主从关系的视觉焦点

图 2－4－48　利用文案编排突出视觉焦点

图 2－4－49　利用空白突出视觉焦点

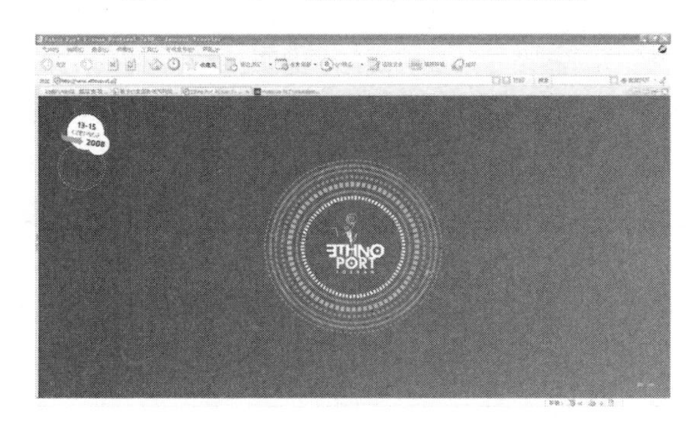


图 2－4－50　利用空白突出视觉焦点

3. 反复视觉流程

反复视觉流程是指网页中相同或相似的视觉要素，做规律、秩序、节奏的逐次运动。其产生的视觉效果更富于韵律美和秩序美。如图 2 –4 –51 所示。

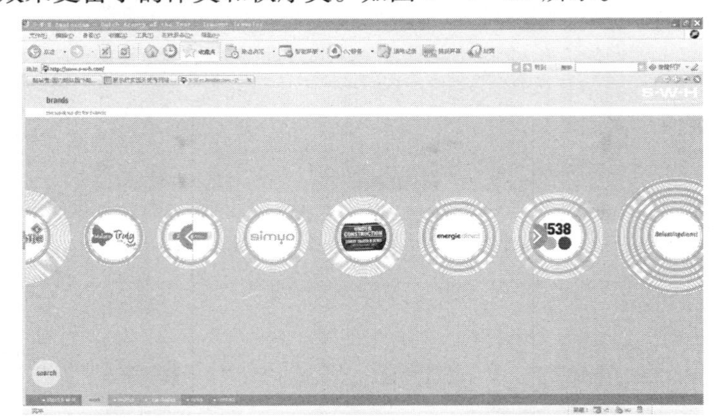


图 2 –4 –51　反复视觉流程

4. 导向视觉流程

导向视觉流程，是通过诱导性视觉元素，主动引导读者视线向一定方向做顺序运动，按照由主及次的顺序把页面各构成要素依次串联起来，形成一个有机整体。导向视觉流程的应用可以使网页重点突出、条理清晰，发挥最大的信息传达功能。

(1) 文字导向视觉流程

“请按这里”“点击进入”等文字，是通过语义的表达产生理念上的导向作用。另外，也可以对文字进行图形化处理，对浏览者产生自觉的视觉导向作用。如图 2 –4 –52 所示。

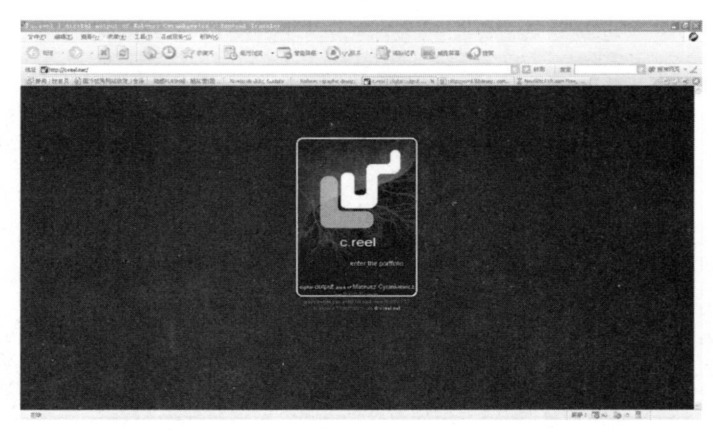


图 2 –4 –52　文字导向视觉流程

(2) 手势导向视觉流程

手势导向比文字导向更容易理解，且更具有亲和力。如图2 –4 –53所示。

图 2-4-53 手势导向视觉流程

(3)形象导向视觉流程

形象导向与手势导向相同,比较容易理解,如图 2-4-54 所示。

图 2-4-54 形象导向视觉流程

(4)视线导向视觉流程

一组形象面向同一方向,会因共同的视线而一致起来。不同的物品方向一致,也可以产生统一感。如果将页面中人物的视线对着物品,就会引导浏览者的视线集中到物品上。充分利用视线导向,可以使视觉元素之间的联系加强,结构更加紧凑。如图 2-4-55 所示。

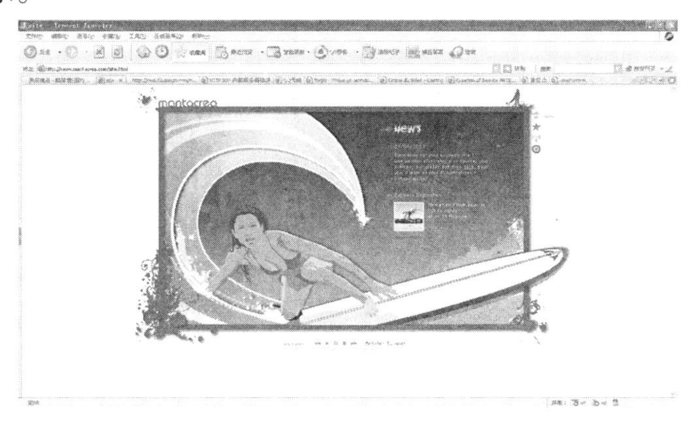

图 2-4-55 视线导向视觉流程

5. 散点视觉流程

散点视觉流程,是指分散处理视觉元素的编排方式。它强调感性、自由性、随机性、偶合性。其视觉流程为:视线随各视觉元素做或上或下、或左或右的自由移动。这种视觉流程不如其他视觉流程严谨、快捷、明朗,但生动有趣,给人一种轻松随意和慢节奏的感受。如图 2－4－56 所示。

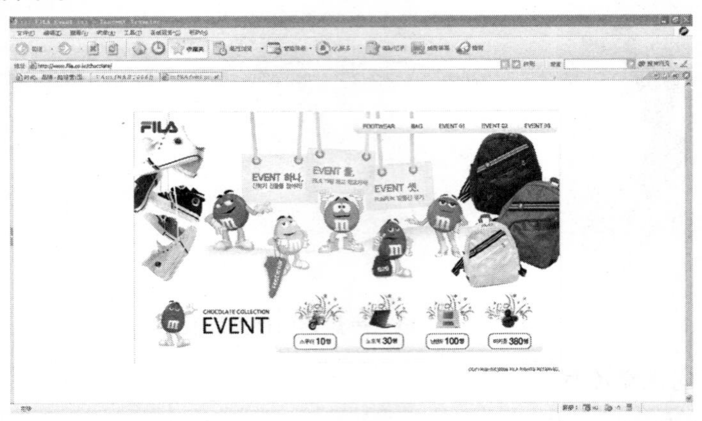


图 2－4－56　散点导向视觉流程

掌握合理的视觉流程,与适合的版式设计结合,就能够设计出具有强烈的视觉冲击力的网站版式。

## 思考练习

1. 简述视觉传达设计中需要遵循的版式编排基本规律。
2. 网站页面设计的尺寸一般有哪几种?
3. 阐述四种网站页面版式编排的技巧。

## 单元要点归纳

任务 1 详细阐述了网站页面设计中图形(图像)的七种处理手法、图形创意的重要性及练习方法、网页图形(图像)的版式结构设计、网页中图文结合的编排方法,及网站页面设计中能够使用的图形(图像)格式。深入了解这些知识并应用到网站页面美工设计中,能够更好地营造网页气氛,加深网页的视觉冲击力。

任务 2 详细阐述了相关网页设计中文字元素的设计原理和方法、计算机字库字体的基本特点和规律、网页设计中文字元素的创意表达方法、网页设计中文字元素编排中应注意的问题和方法、网页设计中文字元素的色彩使用规律和原则等,通过学习应熟练掌握网站页面设计中文字元素的设计方法和规律。

任务 3 详细阐述了视觉传达设计中的色彩原理、网站页面设计中需要注意的色彩心理学特征、不同网站类型的色彩表达语义、网站页面设计中色彩元素的编排规律和编排方法、网站页面设计中色彩搭的配技巧等知识,熟练掌握这些知识并熟练应用到网站页面设计中,是网页美工设计师需要掌握的基础。

任务 4 主要阐述了视觉传达设计中版式编排的六种基本规律、网页版式编排的结构布局类型和方法及技巧、网站页面版式编排的视觉流程类型及设计方法等。通过学习,应熟练掌握网站页面版式编排的技巧、方法和规律,能设计出个性鲜明的网站页面。

# 第三单元　网页美工设计类型

## 单元概述

互联网时代已经到来，伴随着网站的普及，网页设计行业方兴未艾，在当代社会中的应用也越来越广，优秀的网页设计作品更是层出不穷。学习网页美工设计，在学习基本设计原理和设计方法的同时需要多看、多分析各种类型的优秀网站页面设计，总结梳理不同类型网站页面设计的特点和规律，将其精华为己所用。本单元梳理出六种最常用的网站页面类型，并对其设计方法和设计特点进行总结。

## 单元目标

通过本单元的学习，能够快速掌握常见类型网站页面的设计规律和设计方法，熟练应用到各类型网站的页面美工设计中。

# 任务1 电子商务类型的网页美工设计

## 任务概述

电子商务网站是商业企业集团，通过计算机硬件和计算机网络进行商务活动的网站形式。互联网电子商务的优势是将传统的店铺商业形式进行数字化处理，用电子流替代实物流，大大减少实体商务活动的物力和人力，降低企业商务活动的成本。互联网电子商务能够突破时间、空间的限制，在世界上任何一个地点、任何一个时间都可以进行商务活动，是互联网技术应用于商业的成功典范，现在互联网上的阿里巴巴网站、亚马逊网站、淘宝网上商城等都是较为成功的商务网站。

鉴于电子商务的种种优势，电子商务网站页面设计行业蓬勃发展起来。通过本任务的学习，可以了解电子商务类型的网站页面设计中需要注意的问题，熟悉电子商务类型网页的特征，掌握电子商务类型网站页面美工设计的方法和规律，并能够根据所学知识独立进行电子商务型网站的网页美工设计。

## 任务目标

- 能够全面掌握电子商务类型网站页面美工设计过程中应该注意的问题和设计方法
- 能够独立完成电子商务类型的网站设计

## 学习内容

### 一、电子商务类型网站页面美工设计风格

电子商务类型的网站页面设计，首先需要注意的是把握诚信风格。基于计算机网络技术的电子商务网站如同没有实体店铺的商场，消费者点开网站页面的同时就像进入商场一样进行购物消费行为。而作为消费者来讲，网站页面的整体风格是否能够传达出诚信经营的感觉，让消费者放心购买成为非常重要的环节。总体来讲，电子商务网站页面美工设计把握诚信风格需要注意以下几点：

(1)网站整体色彩设计应该以稳重严谨的中等明度色彩搭配为主要基调，不宜过于明亮跳跃，传达时尚前卫的风格感受。

(2)网站页面中出现的产品照片质量一定要清晰度高、拍摄质量好，这样才能使消费者更加直观清晰地感受到所购买产品的品质如何。

(3)在进行网站页面的美工设计时,应注意区分不同类型信息的传播层次,尽量不要在页面中设置过多的动态宣传框,影响消费者对网站的关注度。

(4)电子商务型网站页面设计应该保持简洁的页面框架结构,版式结构清晰易读,传达企业诚信温暖的设计风格。如图 3－1－1 所示的商务网站页面设计,较好地传达了诚信经营又独具特色的设计风格。

**图 3－1－1　电子商务类型的网站示例**

## 二、商务类型网页框架与色彩的协调关系

现实生活中的商务活动种类很多,我们在设计不同类型和规模的商务网站时,需要注意区别网站售卖商品的类型及规模,根据不同电子商务网站的规模大小、产品类型,设计出风格各异的电子商务网站。下面以几种不同类型电子商务网站设计为例,进行类型规模与网页色彩设置、框架版式设计的分析。

1. 婴幼儿产品类型的网站

首先需要了解的是目标消费者的消费行为特点和消费心理特点。婴幼儿一般指 0 ~ 6 岁的孩子,这一阶段的孩子一般还不具备完整而独立的行为和思维方式,心理特点比较直接,倾向于活泼而温暖的颜色。虽然此类型产品的购买者即消费者是成人,但消费者的普遍心理特点是会认同婴幼儿的视觉感受。

因此,婴幼儿产品网页色彩搭配倾向于柔和、温暖、舒适、活泼的暖色系,表现婴幼儿天真烂漫的性格特征;也可以选择色彩纯度较高的冷色系为主色调,搭配暖色调节页面中的设计细节,冷暖对比的色彩搭配使用表现孩子活泼的天性。此类型商务网站的框架结构尽量简单实用,同一页面中不要出现过多信息元素,单纯舒缓的版式结构更适合婴幼儿网站使用。总之,婴幼儿产品的商务网站页面设计尽量避免压抑、沉重、灰度的中性色色彩和复杂的版式结构,整体设计风格活泼、轻松、温馨、舒适为主。如图 3－1－2、图 3－1－3所示。

图 3－1－2　婴幼儿产品类型的网站示例(一)

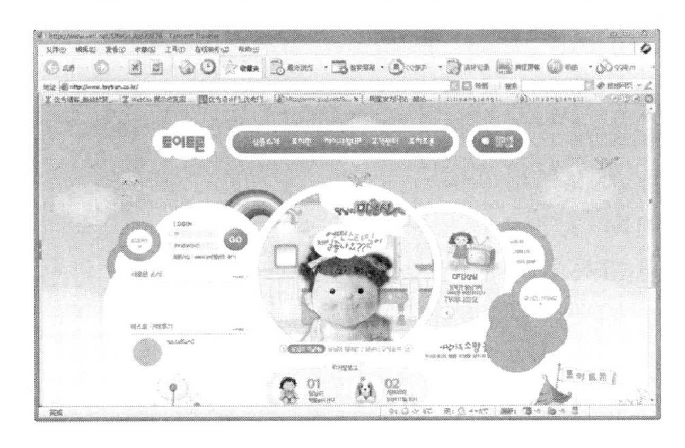

图 3－1－3　婴幼儿产品类型的网站示例(二)

2. 数码产品类型的网站

数码产品一般是指适用于个人和家庭,播放音频、视频等电子资源的产品。数码产品的科技含量较高,与其他产品相比价位也较高,又因其产品组成为电子元件,设计此类网站页面时应该注意选择能够突出科技感、现代感的精致颜色搭配和页面框架结构。数码产品的网站页面背景色设置,经常会使用黑色、灰色、白色来表现电子产品的科技感和时尚现代,网站页面框架则会选择简洁、现代、时尚的版式编排,突出电子产品更新快、时尚的特点。如图 3－1－4、图 3－1－5 所示。

图 3－1－4　数码产品类型的网站示例(一)

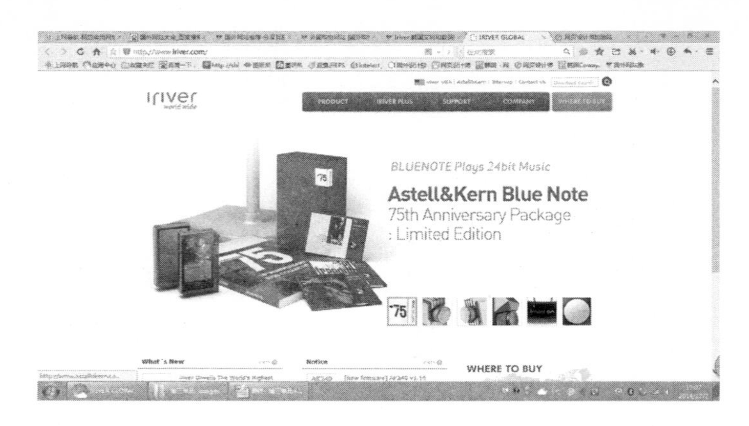


图 3 -1 -5　数码产品类型的网站示例(二)

3. 餐饮食品类型的网站

网站页面是消费者了解企业最为直观的窗口,网站的设计风格直接体现了企业的经营理念和产品可信度。餐饮食品类型的网站设计是与消费者日常生活息息相关的网站类型,在设计网站页面时需要特别注意食品的新鲜感和安全感,网站页面中使用的颜色最好是能够引起消费者食欲的暖色系、清新色系,搭配高质量、高清晰度的餐饮、食品照片;也可以将餐饮美食与自然风景或人物结合。网站页面框架结构设计相对比较简单,以突出餐饮食品主题,塑造具备亲和力、感染力的网站风格为主要目标。如图 3 -1 -6 所示。

图 3 -1 -6　餐饮食品类型的网站示例

4. 家居用品类型的网站

家居用品指消费者家庭生活中涉及的各类用品,种类繁多,如家具、厨具、日用品、家居装饰品等。家居用品类型商务网站的页面设计风格特点是着重塑造温馨舒适的家居气氛。网页背景色和页面设计元素的色彩搭配倾向于使用更具亲和力的暖色系,或者明度较高的暖灰色系。所销售的家居用品图片品质要高,能够使浏览网站的消费者真实地感受到产品的品质。网站的页面框架版式结构要求清晰易读,各类销售信息层级分明,逻辑性强。如图 3 -1 -7 所示。

图 3 -1 -7　家居用品类型的网站示例

5. 服饰类型的网站

服饰类型的商务网站设计因服装饰产品的类型繁多，为了避免以偏概全，无法用比较单一的设计风格来概括。但不管设计何种服饰的商业网站，设计的基本准则是不变的，那就是必须凸显服饰品牌自身的形象特色。因此，我们在设计服饰类型的商务网站时，应该首先确定网站所销售的服装或饰品的品牌定位和品牌形象风格，进而根据服饰品牌准确的定位风格选择适合的色彩和相应的框架版式，并对服饰商品的图片进行处理和编排。

如图3－1－8 所示，网站页面框架版式设计性格鲜明、单纯，色调控制清新自然，视觉冲击力强；如图3－1－9所示，品牌服饰类商务网站页面设计的框架复杂些、色彩丰富、版式活泼；如图3－1－10 所示，饰品类的网站页面设计可以把握所销售饰品的风格样式进行相应设计。但不管是哪种服饰类型的网站页面设计，都比较符合服饰品牌本身的定位风格。

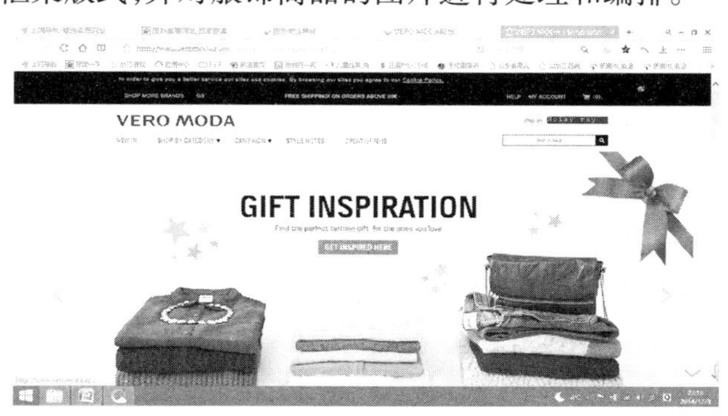


图3－1－8　服饰类型的网站示例(一)

图3－1－9　服饰类型的网站示例(二)

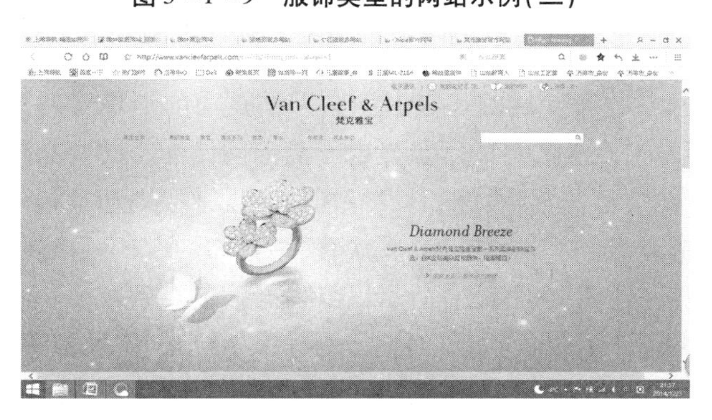


图3－1－10　服饰类型的网站示例(三)

6. 综合类型的商务网站

综合类型的大型商务网站如同百货商场，汇总了众多的商业品牌和专卖店，如淘宝、亚马逊、阿里巴巴、京东等。由于综合性商务网站所销售商品的门类很多，设计此类网站页面时首先应该突出的是网站品牌形象特点，其次应该突出展示所销售产品种类繁多的页面状态，激发浏览网站页面的消费者的购买欲。

如前所述，综合类型商务网站的页面中会充斥着各种不同种类的商品信息，比较难统一，在设计此类型网站页面的框架结构时，一定要注意：不要分割得过于细小凌乱、模式过多。同时，注意页面设计中清晰区分各种不同种类商品信息的逻辑关系，避免浏览网页的消费者找不到需要购买的商品。鉴于此种状况，综合类型的商务网站页面上端都会设置有功能强大的商品搜索功能和清晰的导航栏，便于浏览者随时随地知道所浏览的页面位置，并能够随时通过页面上的搜索功能找到所需的商品。

综合类型商务网站的页面色彩设计一般会选择中灰色度颜色，或者干净的白色来衬托琳琅满目的商品，避免使用强烈的色块抢夺页面中商品的展示效果。如图 3 – 1 – 11 所示。

**图 3 – 1 – 11　综合类型的网站示例**

## 拓展提高

### 优秀电子商务网站页面美工设计案例分析

电子商务类型网站的设计目的是吸引浏览网站页面的消费者的关注度，引导消费行为，达到更多销售网站上商品的目的。虽然电子商务网站涉及的商品种类很多，商品特色不一而足，但在设计此类型的网站页面时设计规律和设计原则却是相同的。首先，商务网站的市场定位和消费者定位一定要准确；其次，网站页面的设计风格要与商品品牌或者企业定位风格一致；最后，还需要网站页面设计风格独特，创意新颖。

以下是网站页面设计手法新颖、页面整体设计风格统一、定位准确的几个优秀商业网站。通过对优秀网站页面设计的分析，能够更快地掌握电子商务类型网站的设计特点和规律。

图 3－1－12 为某化妆品的商务网站，此品牌的化妆品特点是补水功能和保湿功能强，因此在色彩使用上选择了清新淡雅的蓝、白色调的搭配，页面框架版式选择简洁直观的左右分割形式，左侧是大面积的产品图片展示，右侧是详细的产品介绍，使产品信息的传达清晰明确、节奏舒适。整体网站页面感受风格高雅，虽然没有过多的修饰和渲染，也没有过多丰富的色彩，但完美地传达出化妆品的品牌市场定位和目标消费者的品位。

图 3－1－12

如图 3－1－13 所示的商业网站页面设计，白色背景色，黑色文字的色彩搭配清爽淡雅，信息传达简洁明快。页面框架版式采用最简单的上下结构，标题文字和导航栏文字的大小比例形成了强烈的现代节奏感，视觉感受时尚清新。国外的大部分电子商务类型网站，尤其是欧美国家的电子商务类型网站，非常喜欢使用白色背景和黑色文字搭配，原因是白色和黑色有着最佳的视觉元素对比度，可读性比较高，画面风格容易协调。

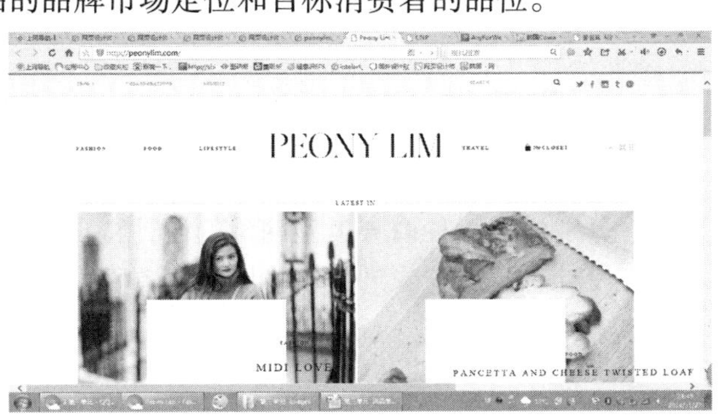


图 3－1－13

如图 3－1－14 所示的皮具品牌商业网站页面设计中，页面框架版式结构采用了简单的中心式结构，品牌标识和信息文字、导航等都设置在页面中心位置，背景图片的使用起到视觉引导作用，同时扩大视觉心理的空间感，画面中唯一模特的视线看向画面外，与背景图片中道路的方向起到呼应作用，调节画面中心构图过于稳重的视觉感受，使网站页面达到视觉的平衡，同时页面色调把握在大面积整体蓝灰冷色调基础上，突出红色皮具的颜色，营造出神秘、高贵的画面氛围。

图 3－1－14

如图 3－1－15 所示的商业网站页面设计，在表现手法上选择了现代插画来设定场景，使网站浏览者产生强烈的视觉冲击力，同时产生代入感，清晰传达信息的基础上，巧妙地把价格信息自然融入场景中，并不突兀却又能恰当地体现信息内容。网站整体设计手法新颖独特,很有吸引力。

图 3-1-15

## 思考练习

1. 商务类型网站页面设计的总体特点是什么?
2. 分别详述六种商务类型网站的设计特点。
3. 设计有机绿色农产品销售网站的首页页面 1 张、二级页面 3 张、三级页面 3 张。

# 任务 2 门户类型的网页美工设计

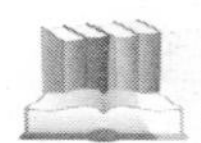

## 任务概述

门户网站(Portal Web,Directindustry Web),一般指通向某类综合性互联网信息资源库并提供相关信息服务的软件应用系统。互联网上的门户型网站最初只提供简单的搜索服务、目录服务,之后由于互联网市场竞争日益激烈,门户型网站不得不快速地拓展各种新的业务类型,希望通过种类众多的业务来吸引和留住用户,以至于目前互联网门户型网站的业务包罗万象,成为网络世界的“资源百货商场”或“资源网络超市”。

现在的互联网上,国外比较有代表性的门户类型网站有 MSN、Yahoo,国内则有新浪、网易等。它们从互联网的海量信息中提取网站的有用信息(以网页文字为主),建立庞大的资源数据库系统,网站浏览用户可以通过门户类型网站的检索功能,查询数据库中条件相匹配的记录,找寻信息,然后按一定的排列顺序返回结果。

本任务主要阐述门户类型网站的基本特点、框架结构类型、色彩使用要点、不同层级页面的设计规律等知识。

## 任务目标

- 能够了解并熟练掌握门户类型网站的设计规律和设计方法
- 能够独立完成门户类型网站的页面美工设计

## 学习内容

### 一、门户类网站页面设计特点

门户类网站建设汇总了各种类型的网络资源，特点是实用功能强大，功能性和实用性大于网站本身的美观性，因此门户型网站的页面设计风格与普通网站页面设计风格区别较大，功能性是第一位的。

因其强大的功能性，门户型网站是互联网上点击率、使用率最高的网站类型，互联网浏览用户已经习惯了打开电脑后，首先登录固定的门户网站，或者习惯了在需要搜索信息时登录固定的门户网站进行搜索。门户型网站首页成为互联网用户最常见到的网站页面。

图 3－2－1　门户类型的网站示例(一)

分析国内外大型门户类网站的页面美工设计可知，门户网站页面有着比较典型的特定设计风格。一般来讲，门户型网站是信息数据的集合，理性思维大于感性思维，因此网站页面色彩会以冷色调为主，如蓝色、灰色、绿色等，页面设计风格较为朴实，页面框架版式结构简洁，图片数量使用较少，网站页面以文字元素为主要设计元素组织画面，实用性和功能性强。如图 3－2－1、图 3－2－2 所示，虽然门户类型的网站有少量的图片使用，但因图片数量过多会影响网页浏览速度，所以绝大多数还是会以文字元素为主进行设计。

图 3－2－2　门户类型的网站示例(二)

## 二、门户类网站页面框架和色彩的使用

在门户类型的网站页面中，各类包罗万象的网站信息都是很重要的资源，各资源的重要程度基本是并列的，因此在规划各类信息的位置时也需要使大部分信息并列存在。缘于此，门户类型的网站页面在规划框架版式结构时，大多会采用“国”字形结构或“T”字形结构。这两种类型的页面框架版式结构，能够最大限度地将各种文字信息排列在页面上，而且这两种类型的框架版式结构视觉流程单纯舒适，不易让浏览用户产生视觉混乱。

门户类型网站页面设计中的色彩使用也需要考虑功能性和实用性。页面中大量文字信息的阅读比较容易使浏览用户感到视觉疲劳，此时网站页面背景色和前面信息元素的颜色搭配显得尤为重要，而白色背景和冷色系文字元素的色彩搭配能够使人们的视神经安静舒适，所以门户型网站页面使用冷色系颜色的较多，搭配网站页面中各类视觉元素严谨规整的组合编排，能够使页面传达给浏览用户较为专业的视觉感受。

## 三、门户类网站各层级页面的风格统一

门户类型网站有强大的信息搜索功能，所以网站内部承载各类信息的各级页面数量非常多，可以说门户类型的网站是由不同层级的海量页面资源组成的大型网站。具体到网页美工设计上，如果每一个网站页面的框架结构、版式风格、色彩使用都各不相同，必然会造成视觉混乱，使用起来很不方便，减弱门户型网站的功能性和实用性。

因此，门户类型网站在进行各层级的页面设计时，为了传达网站的专业性和权威性，需要注意保持统一的页面设计风格。不同层级的页面可以通过统一的文字格式（字体、字号、颜色）、统一的色彩搭配、相对统一的框架结构来达到网站视觉统一的目标。如图3－2－3、图3－2－4、图3－2－5所示的雅虎网站的三级页面设计。

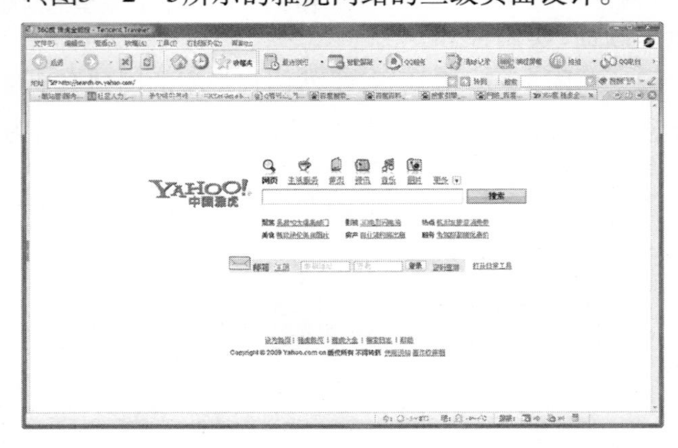


图3－2－3　门户类型的网站示例（三）

图 3－2－4 门户类型的网站示例(四)

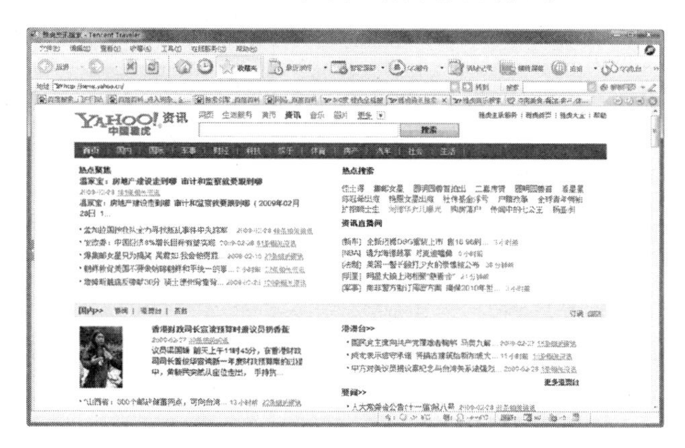

图 3－2－5 门户类型的网站示例(五)

## 拓展提高

### 优秀门户网站网页美工设计案例分析

门户类型的网站在互联网上是以网络信息超市的面貌出现的,实时搜索是其较为重要的功能。但以功能性为基础的网站设计比较难以把握。下面通过几个门户型网站的实例分析,帮助读者总结门户型网站的设计规律,掌握门户型网站的设计方法。

图 3－2－6

如图 3－2－6 所示的门户型网站首页页面设计,文字元素信息、品牌标志图像信息、导航栏、大体积图片等视觉元素分门别类地规划在页面中，信息传达清晰，主次对比明显，不只是页面中颜色分层级，页面图形的大小、文字信息的位置、大小都规划得条理清晰，使浏览用户在第一时间就能感知重要信息。

如图 3－2－7 所示的门户型网站页面设计，虽然使用图片来营造页面氛围会影响浏览速度，但页面中的图文间距控制得非常好，内容虽然很多，但信息层级分明、重点突出、画面活跃，页面整体感觉更加活泼通透，衬托出的信息内容明确。

图 3－2－7

如图 3－2－8 所示的门户型网站页面设计，页面中视觉元素的造型、大小、色彩分布符合一定的比例关系，蓝色色块是节拍，是灵魂，它的大小变换犹如音乐中的轻重，形状的改变犹如曲调的缓急，在网页中自上而下有规律地出现，仿佛音符在跳跃。

图 3－2－8

如图 3－2－9 所示的门户型网站页面设计，通过页面框架设置、色彩设置、不同信息元素的大小和位置关系的编排，使画面的信息传达非常清晰而简洁。

图 3－2－9

## 思考练习

1. 门户类型网站的特点是什么?
2. 实现门户类型网站各层级页面风格统一的要点是什么?
3. 设计一个音乐类门户网站的一级页面 1 张、二级页面 3 张。

# 任务 3 休闲娱乐类型的网页美工设计

## 任务概述

休闲娱乐是现代社会中人们生活非常重要的组成部分,是大家在繁重工作之余的调节和放松,主要包含影视音乐娱乐、游戏娱乐、旅游休闲等具体的网站类型。本任务主要讲述了影视音乐类、旅游类、游戏类网站页面美工设计的基本要点、页面元素使用方法和规律。

## 任务目标

- 掌握休闲娱乐类型网站的设计特点、设计方法
- 能够独立完成休闲娱乐类网站的页面设计

## 学习内容

### 一、休闲娱乐类网站网页整体风格的定位

休闲娱乐类网站基本分为影视音乐类、游戏类、旅游类三种,是人们工作之余的休闲娱乐,其网站页面设计风格总体为时尚、活泼、亲和、有鲜明特色。如图 3－3－1 所示的在线游戏网站页面设计,用游戏界面作为网站的主页页面,整体设计色彩鲜亮,极具个性特征;如图 3－3－2 所示的影音类网站首页设计,将黑胶唱片用作页面的底纹处理,时尚漂亮的圆形按钮放在黑胶唱片图形的右上角,整体页面底蕴厚重而又不失时尚,视觉冲击力强。

图 3－3－1 娱乐类型的网站示例(一)

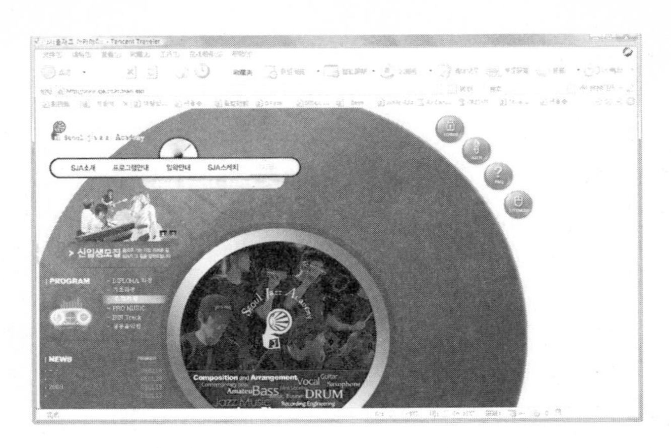

图 3－3－2　娱乐类型的网站示例(二)

## 二、休闲娱乐类网站整体视觉氛围的营造

随着社会经济、现代科技的发展，生活中的休闲娱乐项目越来越多，令人眼花缭乱，人们的选择也越来越趋向于个性化，眼球经济时代已经来临，休闲娱乐类网站的页面如何能够抓住消费者的视觉成为设计的重点，此时在页面设计中可以通过有特点的页面色彩、图片、文字等元素，营造出与众不同的视觉氛围。

图 3－3－3　娱乐类型的网站示例(三)

如图 3－3－3 所示的网站页面设计，深红色的舞台幕布和聚光灯，衬托出舞台上的演员，整体风格营造出了20 世纪 50 年代好莱坞舞蹈片的怀旧风格，引起消费者的好奇心，达到宣传网站的目的。

如图 3－3－4 所示的网站页面设计，采用年轻人喜爱的现代插画风格，塑造出年轻人喜爱的轻松、动感的氛围，并且运用不多的文字元素、轻松的版式风格成功营造出时尚现代的气息。

图 3－3－4　娱乐类型的网站示例(四)

## 三、影视音乐类网站页面设计

图3－3－5　娱乐类型的网站示例(五)

影视音乐类网站的设计一般会以当前热门电影海报元素或最新音乐 MV 素材为主要设计创意元素。此类型网站页面追求丰富而饱满的视觉感受，适当添加各类型辅助图形丰富画面、充实氛围，塑造时尚靓丽的页面效果。如图3－3－5所示，使用热门影视海报为主要页面设计元素，辅以各类插图，能够丰富画面感受。如图3－3－6所示的音乐类网站页面设计，用真实的照片和创造的虚幻图形结合，产生新奇的视觉感受，塑造另类的视觉氛围，引发浏览者的好奇心。

图3－3－6　娱乐类型的网站示例(六)

## 四、游戏类娱乐网站页面设计

网络游戏是网络上无可避免的存在，互联网游戏开发也已经成为新的热点产业，不能沉迷网络游戏，但适当地玩网络游戏是能够放松身心的。游戏类网站的页面设计一般都是选用游戏界面作为主页设计元素，以区别各类型的互联网游戏。如图3－3－7所示。

图3－3－7　娱乐类型的网站示例(七)

## 五、旅游类网站页面设计

旅游是现代人的主要休闲方式之一，走出所在的城市放松自己，感受不同地域的历史文化、自然人文景观、不同的生活方式。也就是说，吸引消费者走出去的是自然人文景观、美食美景等。因此，旅游类网站的页面设计一般以所宣传的旅游地区的景色照片为主，综合景点图片、介绍性文字信息等元素设计网页，框架结构简洁而有地域特点，色彩清新、活泼时尚。如图 3－3－8 所示。

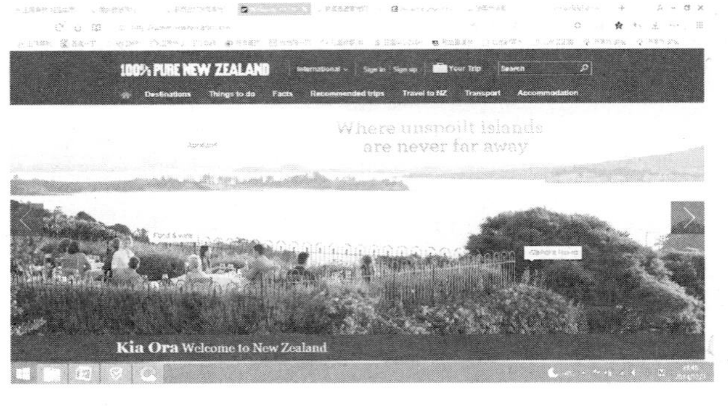


图 3－3－8　娱乐类型的网站示例(八)

## 拓展提高

### 休闲娱乐类型网站网页美工设计案例分析

登录休闲娱乐类型的网站浏览是繁忙工作中不可或缺的存在，休闲娱乐类网站的使用频率非常高，好的设计也有很多。下面几个休闲娱乐类型的网站各有特点，有的很有创意，有的信息传达非常准确，有的页面处理的视觉效果很好。

如图 3－3－9 所示的网站页面设计中，使用暗灰色为页面的基调，完全排除了视觉干扰，鼠标指向需要的信息时色彩变明亮，使得画面信息更加明晰，页面调用时的信息处理韵律感强。

图 3－3－9

如图 3－3－10 所示的网站页面设计中，非常大胆的大面积留白并没有给浏览者非常空的感受，背景处理虽然是单色，但是层次丰富，给下面将要出现的内容留出足够的空间。

图 3－3－10

如图 3－3－11 所示的网站页面设计中,无论是为了营造视觉效果使用的暖黄棕色调,还是抓取用户视线所使用的剪影形态,都达到了设计师预期的设想。

图 3－3－11

如图 3－3－12 所示的网站页面设计,网站的页面框架结构设置、丰富的色调使用,让浏览用户感受到视觉的感官刺激、兴奋,同时也提高了网页的可用性。

图 3－3－12

## 思考练习

1. 设计休闲娱乐类型网站页面时如何把握总体设计风格?
2. 休闲娱乐类型网站的整体氛围塑造由哪些元素构成?

3. 设计反映你家乡风光的旅游网站首页1张、二级页面3张。

# 任务4 企业类型的网页美工设计

## 任务概述

企业类型的网站是企业对外宣传的重要窗口,符合企业品牌形象、特点鲜明、视觉冲击力强、信息更新快的网站能够为企业带来较好的宣传效果,同时能够为企业带来更多的商机。随着互联网的急速发展,越来越多的企业开始重视企业网站的建设。本任务从企业类型网站的风格定位、框架结构设计、信息编排设计、网站企业形象设计等方面详细阐述了企业类型网站的网页美工设计方法。

## 任务目标

- 掌握企业网站页面的设计规律和设计方法
- 能够独立完成商业类型网站的各级页面设计

## 学习内容

### 一、如何确定企业类型网站页面的设计风格

企业类型网站的页面美工设计中,最关键的原则是找准企业的风格定位。完善的企业在多年一贯坚持的经营策略下,一般都会拥有属于企业独有的标准标识、标准字、标准色、标准组合等形象规范,也会形成企业独有的设计风格。因此,在设计企业类型的网站页面时,必须考虑到企业自身独有的形象元素,形成适合企业定位的网站整体形象。

1. 企业网站风格定位案例分析

企业风格定位是企业网站设计中的关键点。以肯德基的网站页面设计为例,肯德基的定位是快餐连锁型企业,在近百年的企业经营发展中,已经形成了独有的企业形象,并有严格的企业形象规范手册。此时设计师的设计过程中,首先的关键点就是确定网站整体风格与肯德基的标准形象规范的统一——现代、时尚、餐饮类、快捷、热情、服务。在准确定位之后,网站页面框架设计、网页文字信息编排、图形编排、色彩设计等均需依照统一的定位风格进行设计,最终形成深具视觉冲击力的肯德基企业网站。如图3-4-1所示。

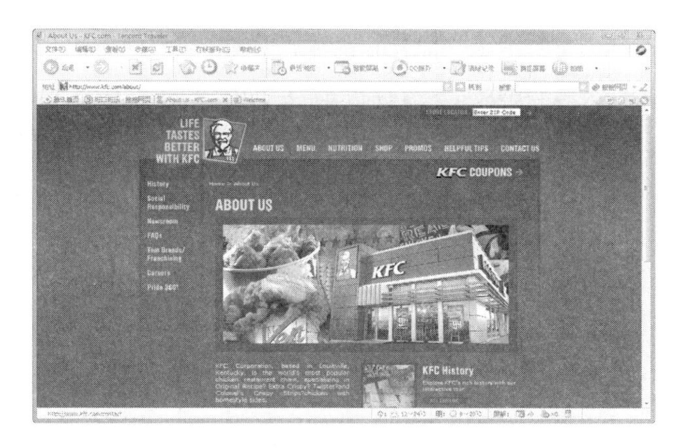


图 3－4－1 企业定位风格的确定

图 3－4－2、图 3－4－3 所示是一家金融公司的网站页面设计。金融企业指经营金融商品的特殊行业，一般包括银行业、保险业、信托业、证券业和租赁业等。工作内容和工作性质决定了其行业特征应该是比较稳重、现代、严谨的。但金融企业同时也属于服务行业，需要具备亲和力、轻松、服务的特征。因此，这一类型企业网站的页面设计定位风格是稳重、亲和、现代、轻松。

图 3－4－2 企业定位风格的确定示例（二）

图 3－4－3 企业定位风格的确定示例（三）

图 3－4－4、图 3－4－5 所示是一家化妆品生产企业，从页面中出现的 Logo 标志能够看出是“可伶可俐”化妆品公司的网站。“可伶可俐”产品的定位是 20～30 岁的年轻消费者，并且是有强效去痘清洁的功能，因此网站的整体风格定位就是年轻、时尚、冷色调、温馨。

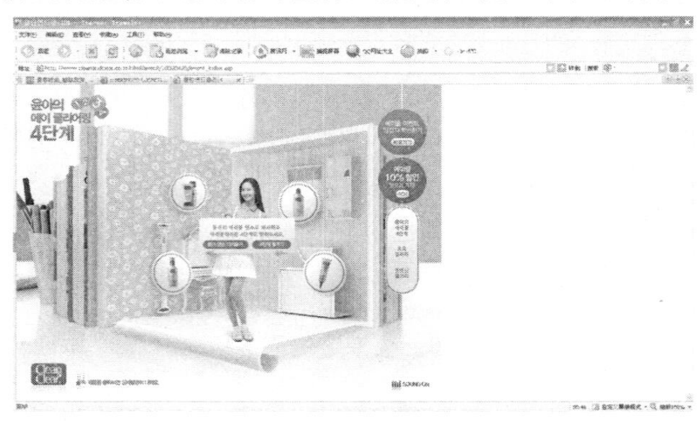


图 3－4－4　企业定位风格的确定示例（四）

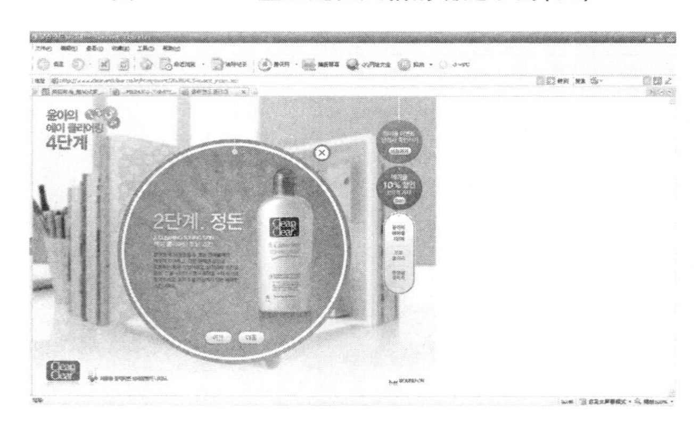


图 3－4－5　企业定位风格的确定示例（五）

2. 企业网站的页面美工设计定位方法

确定企业网站设计之初的风格定位，首先应该明确企业市场营销定位的诉求。一般来说，市场营销定位的诉求分为三种类型：理性诉求、感性诉求、综合诉求。进行企业网站设计时，将企业市场营销定位的诉求类型与企业本身的标准形象设计元素结合，能够更加准确地通过网站设计展现企业的经营特色，与网站浏览者（消费者）建立良好的沟通。综上所述，网站设计使用理性诉求规划页面时，网站设计以事实为基础，以介绍性文字为主；网站使用感性诉求规划页面时，则更加侧重以价值为基础，以企业形象塑造为页面主要内容。

（1）企业网站的理性诉求定位设计特点

以理性诉求为主要市场营销策略的企业网站设计一般会以先进技术或者最新研制的产品为核心，通过实际的技术和产品来突出企业形象特征。此类网站页面的美工设计主要用技术或者产品的形象塑造视觉吸引力，理性表达视觉形象进行营销活动，在浏览者（消费者）眼中营造理性的技术领先的心理暗示，进而使其对企业产生信赖。

理性诉求为主的网站页面设计相对创意性不强，框架结构设计简洁明了，功能性强，在产品技术、宣传、产品展示、实际作用等方面着力多些，页面版式风格注重统一性，尽量与企业整体形象相一致，保持企业产品在网上、网下形象一致，巩固企业形象。

（2）企业网站的感性诉求定位设计特点

以感性诉求为主要市场营销策略的企业网站设计多以宣传、树立企业形象为主要目标，加强宣传企业的服务意识，通过服务提升企业形象在消费者心中的位置，促进企业产品或服务的消费。这一类型的网站页面设计注重网站的整体设计风格与企业形象的统一性，注重创新创意，以感性诉求为主，着重通过页面设计营造特有的企业氛围，体现企业产品和服务的附加值，提升企业整体形象。

企业网站是浏览者（消费者）接触企业的窗口，消费者通过浏览企业网站获得企业的各类信息和直观感受，企业是否值得信赖、企业有没有创新意识、企业的文化内涵是什么、企业的定位是什么，浏览者都能够从中获得感受。

因此，在设计企业网站时，结合企业整体形象的定位，加强企业营销定位中的感性诉求，通过页面框架设计、版式编排、色彩设计、图形设计营造适合的网站氛围，能够消除企业与浏览者（消费者）在时间与空间上的距离，提高客户的信任度和忠诚度，建立统一、完整、兼具特色的企业宣传媒体。

（3）企业网站的综合性诉求定位设计特点

集合市场营销中的理性诉求和感性诉求进行企业网站设计称为综合性诉求定位，在企业网站设计中也比较常见。基于消费者的不确定性，消费者可能基于不同的原因产生购买意向，有时是感性的有时是理性的。此时的企业网站页面设计需要注意分辨：如果单一的营销诉求无法充分说明企业产品或者企业服务的特性，可以尝试将两种方式结合在一起，在页面的不同层级或者同一页面的不同区域分别进行理性和感性诉求的设计，即营造企业网站感性氛围的同时，以大量的事实突出企业的技术优势，通过二者的有机结合共同营造企业独特的文化氛围。

综上所述，企业网站设计的风格定位，简要来讲就是给企业找到一个合适的位置，确定企业想要传达给网站浏览者（消费者）什么样的感受，例如网站设计完成后，企业或者产品传达给浏览者（消费者）的特征、档次、个性等信息。

3. 企业网站风格的定位标准

准确的企业风格定位是做好企业网站设计的关键点。只有定位准确，设计出的才是最适合企业、能够起到宣传、提升企业形象目标的企业网站。在定位企业风格时可以遵循以下原则：

①企业定位需要凸显行业竞争优势；

②企业定位切忌复杂，清晰、明白即可；

③企业定位要以企业或者产品的真正优点为基础；

④企业定位应该与消费者的需求一致；

⑤企业定位应该是明确而统一的定位。

**二、企业类网站页面的框架设置**

网站的框架结构是页面设计中的骨架，如果说企业网站的风格定位是建筑物的地基，地基越深越牢固，建筑就能起得越高越安全。那么，网站框架结构就是建筑物中的房梁或者说是高层建筑的钢架结构，起到承重建筑墙体的作用，是网站设计中固定、统一网站页面风格的作用，是完整网站设计的支点和核心。具体的框架形式在前面章节有详细介绍，不再赘述，但在具体的网站页面设计时，网站框架结构的设计不需拘泥于单一的形式，可以在综合考虑企业网站的信息容量、企业风格定位基础上，选择适合的网站页面框架结构。

图 3－4－6、图 3－4－7 所示是一个影视剧推广网站，属于休闲娱乐类型的企业网站，是流行文化的代表型企业，用感性诉求定位为主进行网站页面设计比较适合。图例中的页面采用 Flash 型结构框架，自由划分各类信息区域，对画面动态图形的把握也更强一些，不断变换的拐角宽色带将页面划分出两部分信息区域，整体页面信息传达明确，同时兼具影视剧的流行个性。

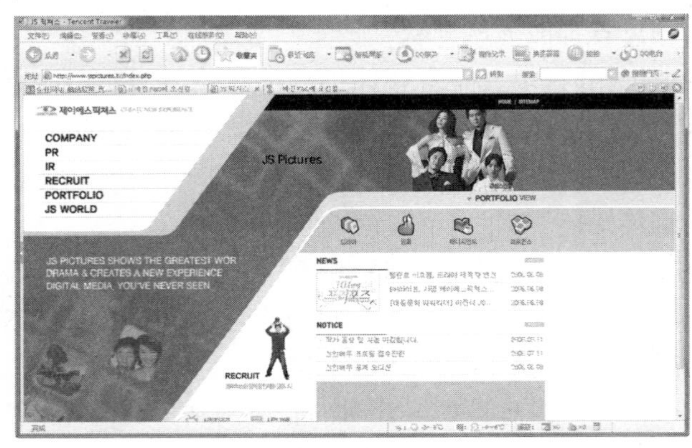


图 3－4－6　企业网站的框架设置示例(六)

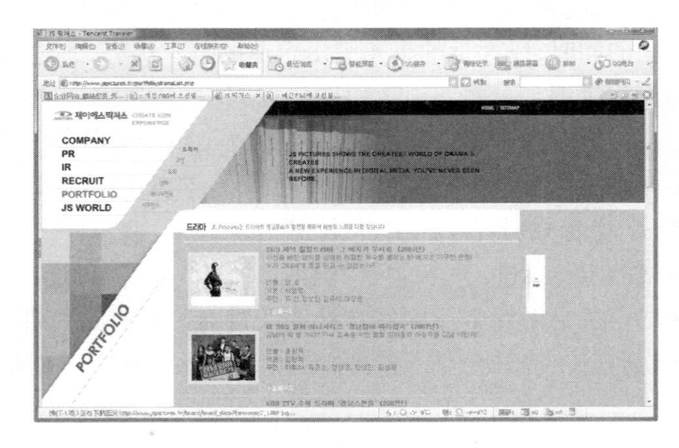


图 3－4－7　企业网站的框架设置示例(七)

图 3－4－8 所示是一家在线书店的网站页面设计，整体页面框架分为四个部分：最上面是导航条，中间最大面积是广告区，其次位置是书籍信息，最下面一条是网站基本信息的固定带。简洁、明了的框架分割使网站整体页面清新、明晰，查找书目、浏览信息毫不费力，信息传达非常直接而准确。从页面设计角度来看，四个主要功能区域的面积划分能够拉开比例关系，视觉层次丰富，整体感受时尚现代，兼具阅读的温馨气息。

图 3－4－8　企业网站的框架设置示例（八）

如图 3－4－9 所示，网站页面中清晰的“L”字型网站页面框架设置，与随意、活泼的图形手法搭配，塑造出时尚、清新的年轻女性消费者喜爱的网站页面感受。

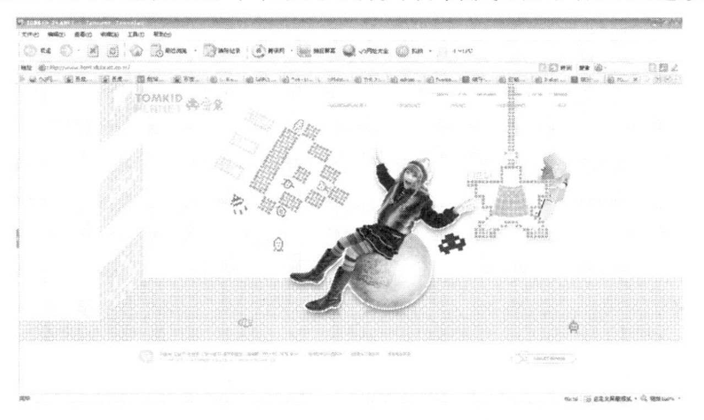


图 3－4－9　企业网站的框架设置示例（九）

图 3－4－10、图 3－4－11 是韩国某著名演出团体的官方网站设计。首页和内页的框架结构都是综合性的框架结构。为了配合演出团体的自由风格定位，在框架基础上添加了一些自由的弧线，与图片、文字共同构成了既有传统味道又兼具现代流行气息的设计风格。

图 3－4－10　企业网站的框架设置示例（十）

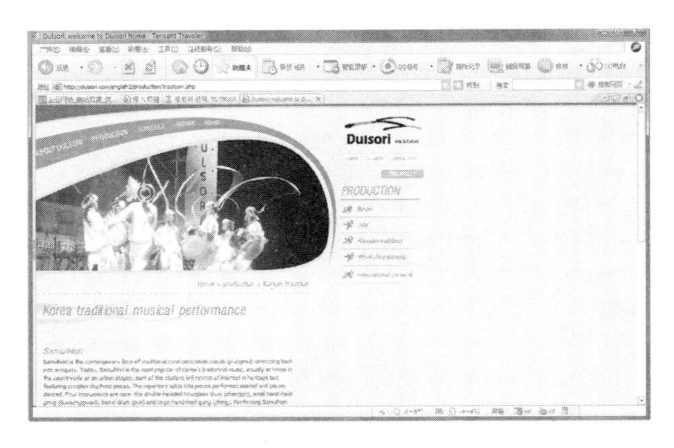


图 3-4-11　企业网站的框架设置示例(十一)

## 三、网站页面色彩与企业整体形象的统一原则

企业网站页面设计过程中,色彩调性的使用需要与企业整体形象设计风格定位保持一致,才能够更好地起到宣传企业的目标。

图 3-4-12 是美国福特轿车的官方网站,整体的色调选择保持了福特轿车一贯传达给消费者的产品风格定位:踏实、稳重、有亲和力、有分量的中产阶层用车,所以颜色选择了中等灰度的蓝色系为页面主色调。同样是大型企业的蒙牛,因为其企业性质是乳制品生产企业,风格定位是健康、无污染,在网站颜色的选择上就是蓝绿色系为主,如图 3-4-13 所示。

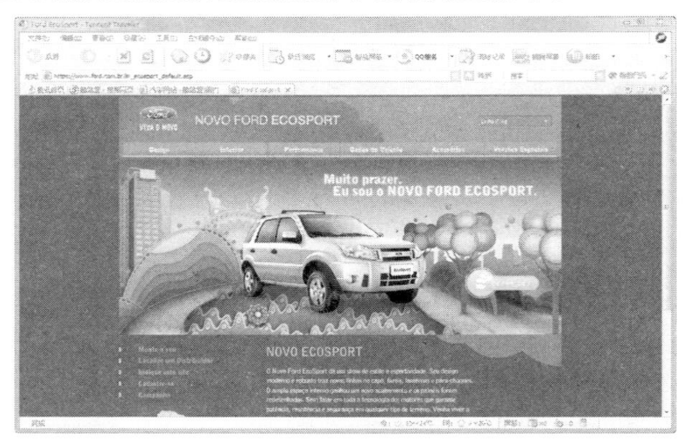


图 3-4-12　企业网站的色彩选择示例(一)

图 3-4-13　企业网站的色彩选择示例(二)

图3－4－14是一个与艺术设计相关的网站页面，使用了简单的框架结构，但从感性诉求的定位风格来看，整体色调神秘而优雅，充满个性，同色系颜色的搭配使用也使网站页面整体看来不失稳重。

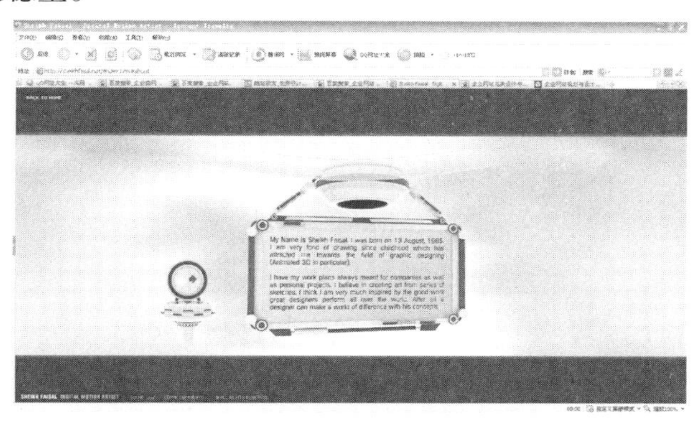

图3－4－14 企业网站的色彩选择示例（三）

图3－4－15是某品牌数码相机的介绍性网站。从色调选择上就考虑到数码相机的高科技含量和时尚风格的定位，使用时尚感、通透感较强的浅灰色为主要色调，与产品和企业的风格统一起来。

图3－4－15 企业网站的色彩选择示例（四）

图3－4－16是高档浴室用品的品牌介绍性网站。企业产品定位为高档产品，同时是家居用品，产品的造型趋向于圆浑、舒适、家庭的感受，因此在色调的选择上使用厚重的原木色稳住页面，传达产品的分量，图片的选择上则趋向于与温馨的家装环境相配合的图片，体现家居环境的舒适。

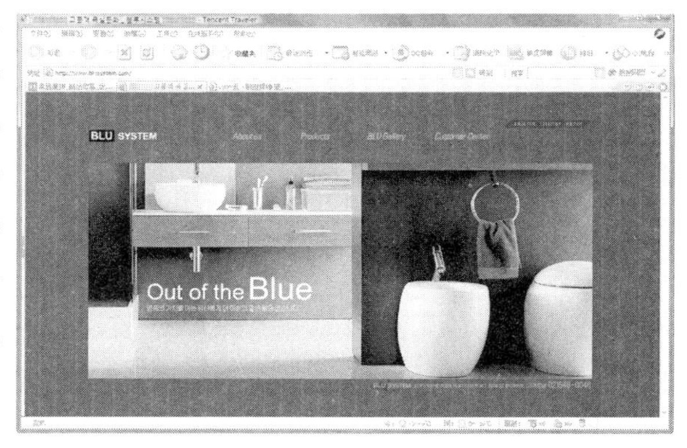


图3－4－16 企业网站的色彩选择示例（五）

## 四、企业类网站中文字信息的编排设计

企业网站的整体定位风格，由完美的色彩搭配、适合企业风格的框架结构、趣味性图形等元素组织完成，除此之外，完整的网站页面设计中还需要大量的文字元素来传达企业的具体信息，例如企业或者产品简介、企业文化展示、产品价目单、售后服务等。如何将大量的文字元素与网站页面框架、图片元素、色彩元素融合在一起，塑造适合企业形象的网站，需要注意以下几个问题：

1. 网站页面空间的合理使用

当前网络上的企业网站页面设计中，很多都有一个共同的特征——“满”，设计师丝毫不考虑网站的整体设计风格定位，只是将各种不同类型和格式的文字、图片、小动画、小广告塞进网站的页面空白处，填满所有的页面空间，没有规则，不停闪现的活动广告页充满屏幕的角角落落，不小心就会点到，导致客户浏览企业网站的页面时使用极为不便，影响了浏览效果。这一现象产生的原因是对于网站页面中的文字信息设计没有规划、主次不分、喧宾夺主，网站页面成了杂货摊，没有重点。

还有的网站页面设计以创意为名，使用大体量的留白，视觉流程散乱，页面视觉效果既“空”且“散”，使浏览者无所适从，找不到所用的信息，有时连最基本的信息还传达不全面。

真正优秀的企业网站页面设计，首先考虑如何体现传达信息、宣传企业整体形象的功能性，并非将文字信息塞满整个页面才不空，也并非使整个页面空旷了才不觉得满。只有在符合企业整体形象的风格定位基础上，合理安排页面中的各项元素使页面达到视觉上的均衡，才能在保留大量页面空白时还不会使浏览者感到空，相反会给浏览者留下广阔的思考空间，达到最佳的网站页面视觉效果，信息传达也能更加准确。

如图 3－4－17、图 3－4－18、图 3－4－19所示，同一网站中的三个页面，相同的色彩选择和框架结构使网站页面保持了视觉上的统一，大量文字元素的编排每个页面都有所不同，但都达到了信息传达上的“适度”，也就是说提供了不多也不少的可阅读信息量。

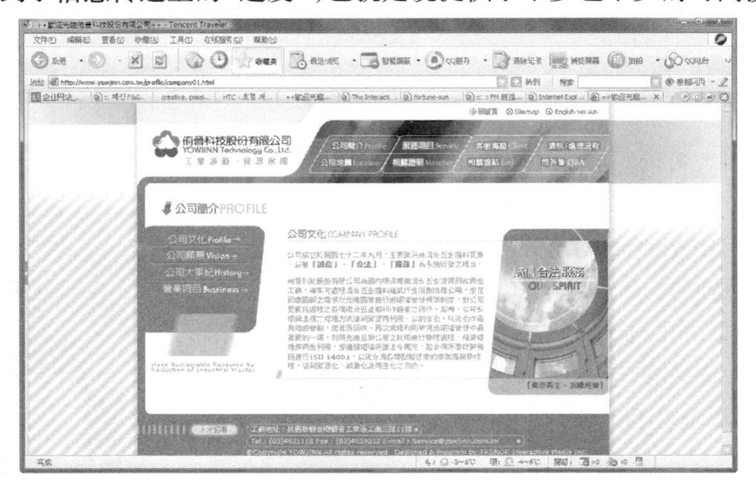

图 3－4－17　整合编排网站信息元素示例（一）

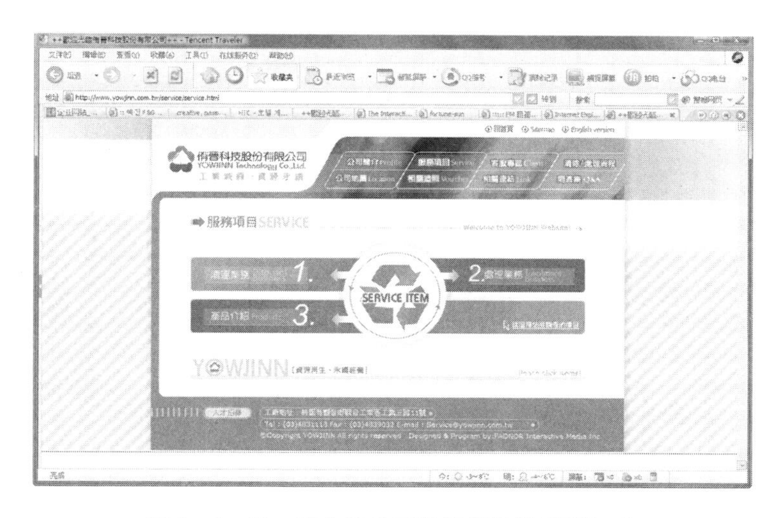

图 3-4-18 整合编排网站信息元素示例(二)

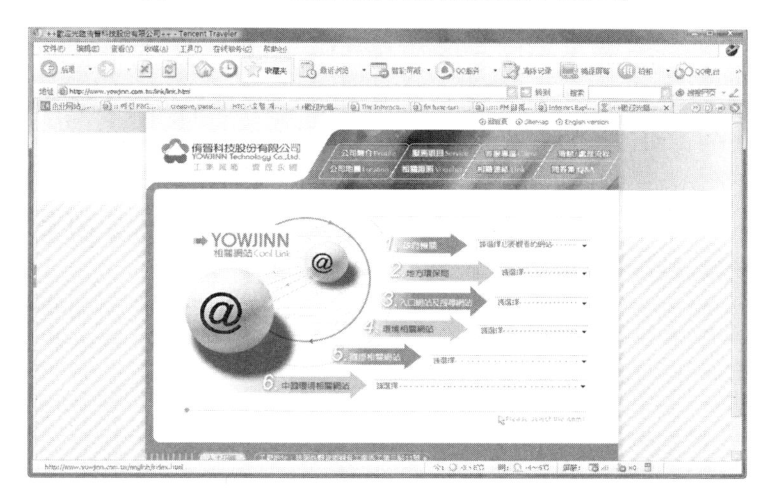

图 3-4-19 整合编排网站信息元素示例(三)

2. 把握页面中文字信息编排的视觉流程

视觉流程指浏览者在阅读信息时,视觉总有一种自然的流动习惯,先看什么,后看什么,再看什么。心理学的研究表明,一般的浏览习惯是从上到下、从左到右,在一个平面上,平面的视觉影响力上方强于下方,左侧强于右侧。因此,同一个页面中,上部和中上部被称为页面的"最佳视域",也就是页面中信息传达最优的地方。在网页设计中一些突出或推荐的信息通常都放在这个位置。当然,这种视觉流程只是一种感觉,并非一种固定的公式,只要符合人们的心理阅读顺序和逻辑顺序,就可以更为灵活地运用。

如图 3-4-20 所示,页面中最漂亮的、有趣的人物图片放在页面的中间偏左位置,在吸引浏览者注目率的同时还起到了分割画面的作用,包括人物形象背景中的浅灰色流线形态,引导浏览者的视线从左到右,从上到下进行移动。感觉整体页面设计生动活泼,充满时尚气息。

图 3－4－20　整合编排网站信息元素示例(四)

3. 网站页面中文字信息的格式化及视觉层次控制

关于网站页面中的文字格式化问题,在前面的章节中我们已经进行了大量的介绍,在此不再赘述。需要补充的是关于页面中的视觉层次问题。通过对信息进行格式化,页面中出现了不同的字体,不同的字号,不同的字距和颜色,此时就会产生视觉层次的问题,即浏览信息时看到的页面信息的前后层次(区别于视觉流程的线条,此处指的是页面前后的空间关系)。视觉层次丰富的网站页面设计能够用很少的视觉元素形成丰富的视觉层次。需要注意以下问题:格式化文本时,想拉开视觉层次的话,两部分文字的大小比例要拉开,尽量不要使用明度、纯度相近的颜色。

如图 3－4－21 所示,网站页面中使用了拉开文本格式化的比例和颜色,丰富了页面中的视觉层次。

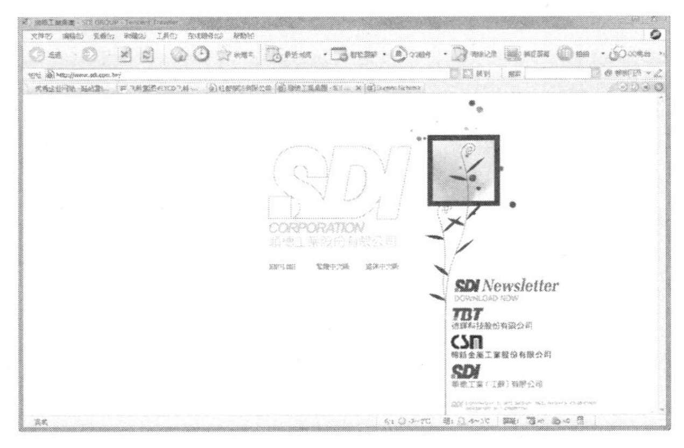


图 3－4－21　整合编排网站信息元素示例(五)

## 五、企业网站设计的两种类型

企业类型的网站页面设计中,一般分为两种类型:以推广企业形象为目标的网站页面设计和以产品介绍为主的网站页面设计,不同类型的企业网站页面设计中的文字编排侧重点稍有不同。

1. 推广企业形象为目标的企业网站

如图 3－4－22 所示，设计以推广企业形象为目标的企业网站页面时，需要注意：

①准确把握企业的风格定位。

②要有吸引浏览者注意力的新颖的图形创意。

③色彩搭配在符合企业定位风格的基础上应醒目。

④页面设计以形象推广为主，可以没有大量的文字信息。

图 3－4－22 形象推广为主的网站页面设计示例（一）

2. 产品介绍为主的企业网站

以介绍推介企业生产的产品为主的网站，内容以产品的详细介绍、产品定价、售后服务等文字和图片信息为主，网站页面框架、版式、图片、色彩等元素的编排在符合企业整体形象的同时，需要特别注意产品文字信息的分级处理。对于产品的文字介绍，最好分清层级关系，重点推介和一般信息区分开来，用不同等级的文字格式处理编排关系，突出重点产品的信息，减弱次要产品信息。图 3－4－23 是家电产品的介绍网页，红色的产品外观设计与着婚纱的女子交相辉映，隐含着带出产品的销售策略和企业产品的定位风格。

图 3－4－23 产品介绍为主的网站页面设计示例（二）

图 3－4－24 是彪马运动鞋的网站页面设计，页面中主打产品的大小、色彩、位置都是最显眼的，页面设计元素的倾斜排列加深了运动信息的传达，次要信息（文字介绍）则退

后了至少3个层次，使整个页面散发出强烈的时尚运动气息。

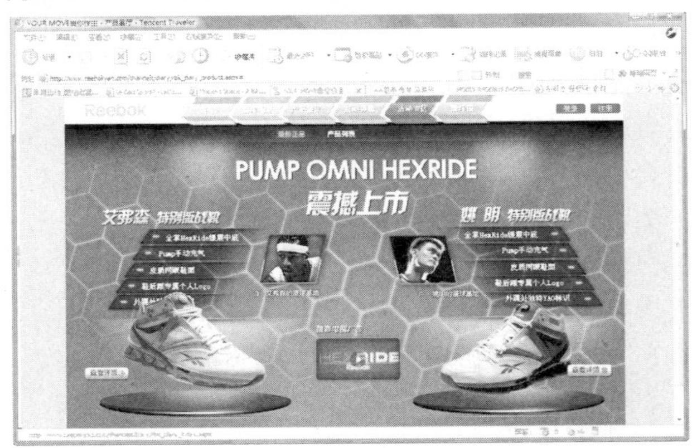


图3-4-24　产品介绍为主的网站页面设计示例(三)

如图3-4-25、图3-4-26所示，手机的产品介绍网站页面，信息层次清晰，同时画面处理得非常有创意，每个页面的图形用夸张的图片点明手机的一个特点，信息传达准确，是不错的设计。

图3-4-25　产品介绍为主的网站页面设计示例(四)

图3-4-26　产品介绍为主的网站页面设计示例(五)

## 拓展提高

### 企业类型网站网页美工设计案例分析

企业类型的网站是互联网上非常重要的门类之一，互联网逐渐成为企业重要的营销市场，企业的形象网站设计和企业产品的网上商店设计也成为每个企业都需要的宣传推广手段。以下列几种优秀企业网站为例，对企业网站设计时需要关注的各类要素加深理解。

如图 3－4－27 所示的网站页面设计是很有创意的网站设计。页面适当留白，给用户思考和想象的空间。彩色七巧板的造型组合成为网站页面的主要创意点，轻松活泼，适合产品类型。浅灰底色与上方的彩色色块调和度高。整个页面设计，在引导用户视觉和创造流畅的视觉感受方面设计得非常到位。

如图 3－4－28 所示的网站页面设计，信息元素的处理轻松准确，页面整洁，让浏览用户能够感受浏览网站的自由味道。

图 3－4－27

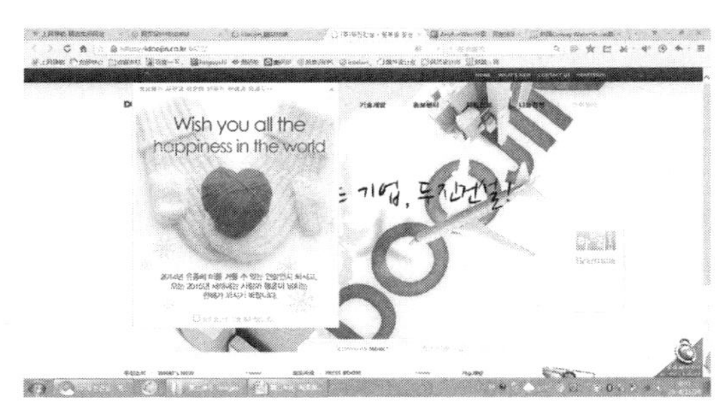


图 3－4－28

如图 3－4－29 所示的网站页面设计，白底色的使用干净整洁，符合企业风格定位，页面中信息区块间的空白在这里使页面看上去更加清爽规范。

如图 3－4－30 所示的网站页面设计，框架分割自由灵活，页面照片加手绘的设计风格带给浏览者独有的亲切感和信任感，与此同时也能更好地转达和反映网站思想的风格和理念。

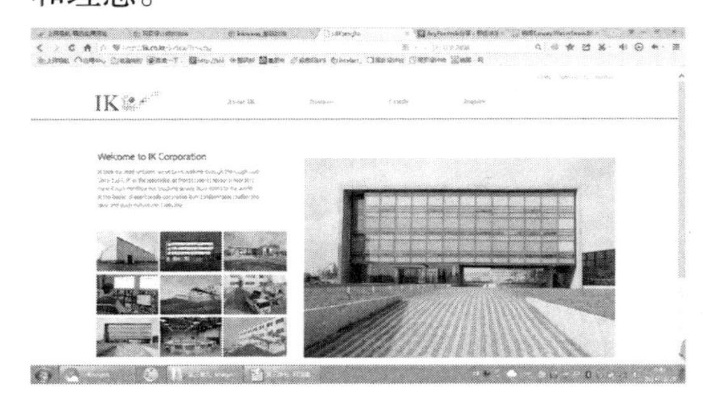


图 3－4－29

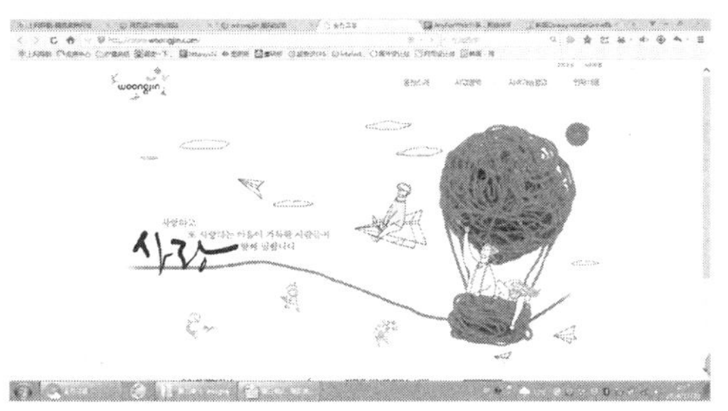


图 3－4－30

## 思考练习

1. 企业网站的风格定位与企业整体形象系统之间有什么关系？

2. 编排企业网站中的文字元素时应该注意的要点是什么？

3. 挑选一个家乡的企业，收集该企业的各类信息，设计企业网站首页1张、二级页面3张。

4. 企业网站定位风格的标准是什么？

# 任务5 时尚前卫类型的网页美工设计

## 任务概述

中国互联网信息中心（CNNIC）发布的第34次中国互联网发展状况统计报告中显示，截至2014年6月，中国的网民数量达到6.32亿，其中20～29岁年龄段的网民占30.7%，是整体网民数量中比例最大的群体。此类网民群体的整体心理特征为喜好时尚、前卫、个性，喜欢新鲜事物，求新求异是年轻网民的基本追求。时尚前卫类型的网站设计的需求量是很大的，浏览者（消费者）通过浏览网站了解时尚信息、寻求心理上的满足感、促进消费。在此，时尚前卫类型的网站页面设计在考虑满足浏览者需要的基础上，还应该适时地引导浏览者的需求，最终引导时尚消费和时尚潮流。

在时尚类型的网站页面设计中，把握当前时期内社会环境内时尚的脉搏，找到特色鲜明的时尚风格定位，了解不同时尚人群的喜好和需求，将各类型设计元素进行特定的编排组合，从而设计出具有信息传达功能和引导时尚潮流的个性网站。

本任务主要阐述了时尚类型的网站页面设计页面风格的确立、网站信息的整合及页面框架设计，以及色彩的使用等知识。

## 任务目标

- 能够掌握时尚前卫类型网站的页面设计规律和设计方法
- 能够独立完成时尚前卫类网站的页面设计

## 学习内容

### 一、时尚类网站设计页面风格的确立

时尚是随着社会环境发展而变化的，设计此类网站页面时，首先需要明确时尚网站的内容属于哪种类型，才能更好地把握网站的风格定位。时尚产业属于过程性极强、时间性

极强的产业，很难有一个绝对的明确定义，所以，判断时尚网站的设计内容属于哪种类型的时尚，需要网站设计师在日常生活中多关注时尚产业、关注流行信息、关注最新的流行趋势、关注流行色发展等，通过大量的实践积累，就能准确地为时尚网站定位，准确地找到时尚网站的风格，进而依据准确的风格定位找到适合的元素、适合的色彩、适合的框架结构等等元素进行网站页面设计。

如图 3－5－1 所示的时尚网站页面使用大面积的黑色底色，使画面充满运动的张力，背景色与照片的暗底色融合在一起的处理手法，更加突出了运动人形的力量感，使画面充满了气势，饱满和谐。

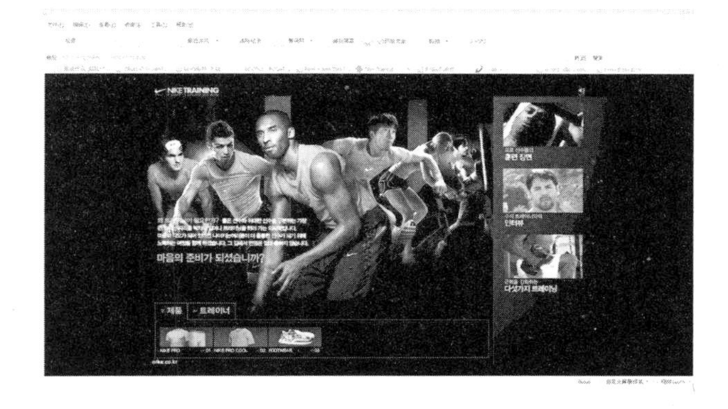


图 3－5－1　时尚型网站的风格定位示例（一）

如图 3－5－2 所示的时尚网站页面设计也使用稳重的黑色作为底色，但设计师在设计网站页面时让照片中的人物形态与黑底色之间有了大面积的白色空间进行缓冲，加上鲜艳色块的使用，使整个网站的页面设计丝毫不会受到黑色的影响，表达出了轻松、休闲的时尚气氛。网站页面中的灰色和红色色块的使用，也对页面起到了良好的调节作用，营造出时尚网站整体成为休闲时尚而不缺乏细节，大气、轻松中透出精致的细节。

图 3－5－2　时尚型网站的风格定位示例（二）

如图 3－5－3 所示的时尚网站页面设计中，突破的网站使用图片直观表达信息的方式，选择特点鲜明的插画作为画面主体元素，使用拉长人物比例的表现手法，色调华丽，营造出浓浓的时尚前卫的页面风格，浏览这个页面，仿佛身临其境，也能嗅到桌上咖啡的香气。

图 3－5－3　时尚型网站的风格定位示例(三)

如图 3－5－4 所示,设计网站页面时,将文字信息内容巧妙地融合到了一张漂亮的房子的照片中,充满了趣味感,使浏览者在浏览网站时带着游戏的心态,不知不觉地接受了网站页面传达的信息。

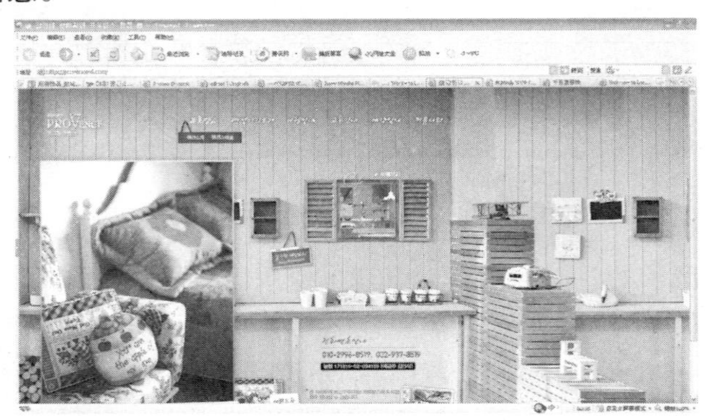

图 3－5－4　时尚型网站的风格定位示例(四)

图 3－5－5、图 3－5－6 是著名运动服饰品牌“彪马”的网站页面设计。动感的照片选择,倾斜的构图方式,黑色与灰色调衬托下的彩色服饰,处处细节传达给浏览者年轻的、时尚、前卫的设计风格。

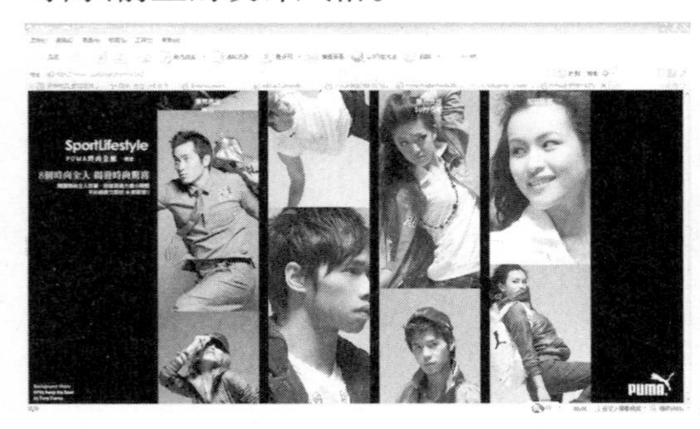


图 3－5－5　时尚型网站的风格定位示例(五)

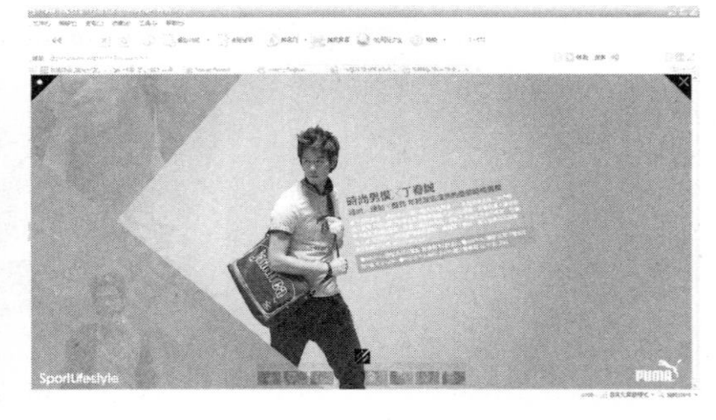


图 3－5－6　时尚型网站的风格定位示例(六)

## 二、时尚类网站信息的整合及页面框架设计

网站风格定位确定后,下一步的工作就是将网站所需的各类信息元素收集整合,通过

一定的框架版式进行具体的页面,注意在框架的选择和信息元素的编排上同样需要符合内容的风格定位,信息编排的规律应遵从合理的视觉流程和视觉层次进行编排。如图3－5－7、图3－5－8所示,框架的选择都比较简单,但在各个页面的信息元素的编排中,颜色的选择、图形的选择、编排的文字信息都比较到位,信息传达的个性比较鲜明。

图3－5－7 时尚型网站的框架示例(一)

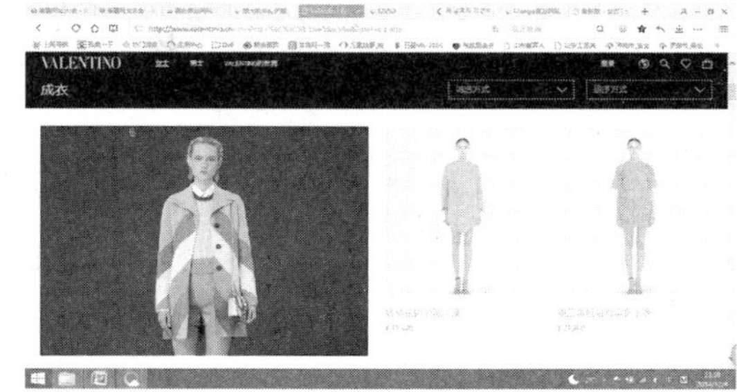


图3－5－8 时尚型网站的框架示例(二)

## 三、时尚类网站页面设计色彩的使用

流行时尚逐渐成为当今社会中的一种大众追求,体现为丰富多样的外在表象,色彩作为一种视觉外在表象,与流行时尚有着极其紧密的联系。可以说,色彩传达着时尚观念,色彩彰显着时尚特色,是最直接的传达媒介。由此可知网站色彩搭配的重要性。前面的单元中我们已经介绍了很多关于网站色彩使用的知识和技巧,在时尚类型的网站色彩使用中,我们把时尚类型网站页面色彩的使用分成几个常见的类别进行分析,找到时尚网站的配色技巧。

1. 活泼可爱型

儿童用品、童话故事、小剧场、动画片……与同年相关的色彩一般纯度比较高,复合色、灰度色用得较少,大面积重色用得少,对比色使用较多。形态设计上单纯的、曲线的、圆的形态,用透明的色彩来诠释纯真、稚嫩的情感再适合不过了。如图3－5－9所示。

图3－5－9 活泼可爱型色彩示例(一)

2. 运动力量型

此处的运动力量型并不是只是指的运动产品的网站设计,而是泛指具有动感、有力度的网站页面设计类型。在这一类型的网站设计中,用色普遍比较强烈,重色背景用得较多,对比色用得较多,图片的选择上很少有静止状态的图片,以动感造型为主。视觉流程和视觉层次的设计上也比较注重打破常规的编排方式。如图3－5－10所示。

图 3－5－10　运动力量型色彩示例(二)

3. 狂野爆发型

狂野奔放型的网站页面中没有静止的元素，占据页面大部分空间的是大动作的形态，有动感的造型、浓烈的颜色，基本上都会用重色作为页面的底色。整体页面气氛浓烈时尚。如图 3－5－11、图 3－5－12 所示。

图 3－5－11　狂野爆发型色彩示例(一)

图 3－5－12　狂野爆发型色彩示例(二)

4. 华丽高贵型

华丽高贵型色彩的绚丽感与色彩的搭配组合有关，运用色相对比的配色方案能够获得华丽感，其中以补色组合最为华丽。在这一系列的配色中，可以适当添加重度暖色的色调作为底色，构图应稳重大方。如图 3－5－13、图 3－5－14 所示。

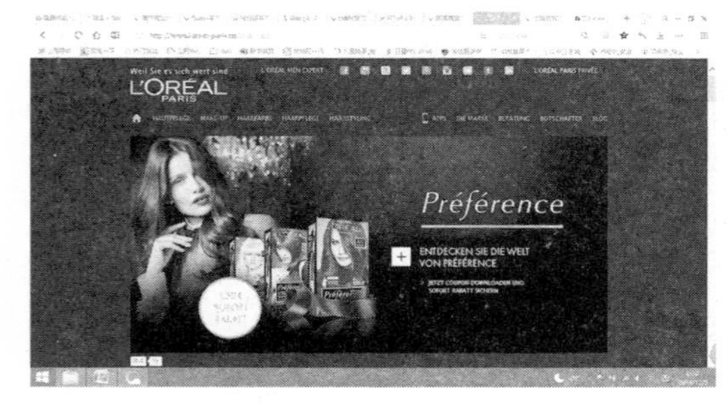


图 3－5－13　华丽高贵型色彩示例(一)

图 3－5－14　华丽高贵型色彩示例(二)

5. 优雅妩媚型

即使没有绚丽的色彩也能给浏览者带来体贴入微的感受，这包括对爱情或自然的一种情感反应。优雅妩媚型的网站页面设计构图一般采用较平稳的横直线构图，图形选择一般没有强烈的肢体语言，倾向于静止的动作，色彩选择中性色较多。如图 3－5－15、图 3－5－16 所示。

图 3－5－15　优雅妩媚型色彩示例（一）

图 3－5－16　优雅妩媚型色彩示例（二）

6. 清新自然型

同样没有绚丽的色彩和强烈的动态图形，清新自然型的网站页面像春风拂面的感受，不知不觉中传达着网站的信息。这一类型的网站页面相较于前一种类型，构图要活泼些，色彩一般会选择浅灰色系的明亮的，偏冷色系的，带透明感的色彩，很少选用大面积的重色。如图 3－5－17 所示。

图 3－5－17　清新自然型色彩示例

## 拓展提高

### 时尚前卫类型网站网页美工设计案例分析

时尚前卫类型的网站走在流行的前沿，一直起到引导流行趋势的作用，因此这一类型网站的设计更应该有新创意、新想法，视觉效果有特点。

如图 3－5－18 所示的网站页面设计，一反娱乐网站页面眼花缭乱的感受，用单纯和统一的框架、颜色来设置页面，将用户体验放至关键位置，打造轻松愉悦的用户体验。

如图 3－5－19 所示的网站页面设计，页面视觉中心位置，用绝对吸引眼球的可视化图形，将趣味性与实用性融于一体，娱乐性和趣味性强。

如图3－5－20所示的网站页面设计，以往烦琐累赘的内容用大面积空白和中分的框架构图取代，黑色背景大气而稳重，不需要补充额外的视觉辅助元素，视觉冲击力强，信息传达明确。

如图3－5－21所示的网站页面设计，页面框架结构打破常规，视觉有新意，用均衡、对比的手法，实现更加顺畅、更加具备视觉冲击力的浏览效果。

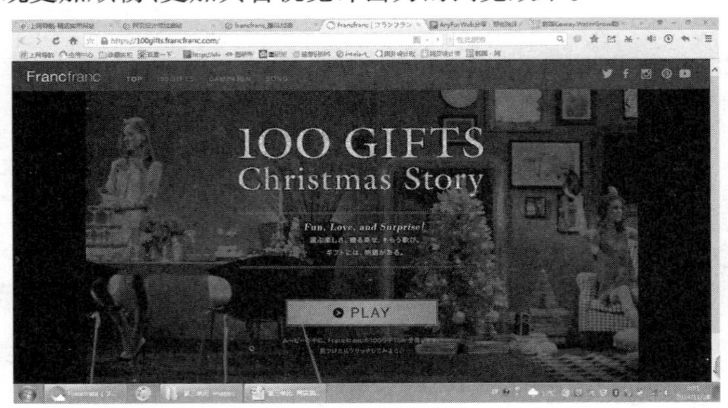


图3－5－18　时尚前卫类型网站示例(一)

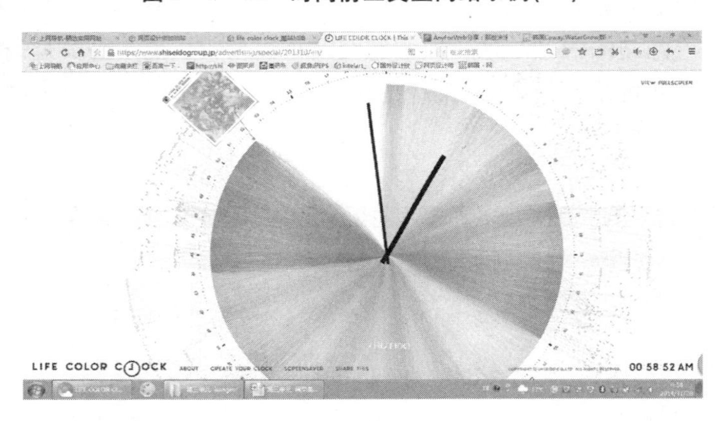


图3－5－19　时尚前卫类型网站示例(二)

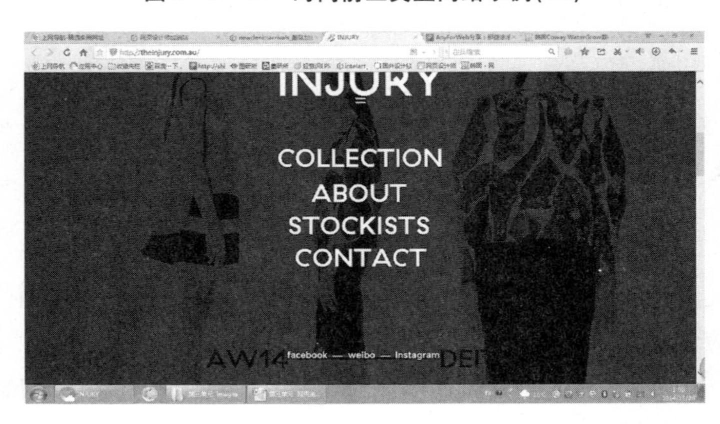


图3－5－20　时尚前卫类型网站示例(三)

图 3－5－21　时尚前卫类型网站示例(四)

## 思考练习

1. 时尚网站的色彩设计中常用的类型分别是什么？特点分别是什么？
2. 中国互联网网民占据比例最多的是哪个年龄段？
3. 独立设计匡威品牌网站,首页 1 张,二级页面 3 张、三级页面 3 张。

# 任务 6　个人网站类型的网页美工设计

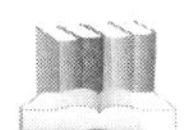

## 任务概述

做个人网站,首先必须要解决的就是网站内容问题,即确定网站的主题。网站的题材确定后,就要将收集到的资料内容做合理的编排。比如,将一些最吸引人的内容放在最突出的位置或者在版面分布上占优势地位。栏目的实质是一个网站的大纲索引,索引应该将网站的主体明确显示出来。在制定栏目的时候,要仔细考虑,合理安排。

做网站就要做一个有个性、有风格的网站,而网站的风格是有人性的,通过网站的色彩、技术、文字、布局、交互方式可以表现出一个站点的个性——是粗犷豪放的,还是清新秀丽的;是温文儒雅的,还是执着热情的;是活泼易变的,还是墨守成规的。

在明确自己想给人以怎样的印象后,要找出网站中最有特色的东西,就是最能体现网站风格的东西,并以它作为网站的特色加以重点强化、宣传。总之,风格的定位不是一次形成的,可以在实践中不断强化、调整、改进。

## 任务目标

- 能够熟练掌握个人网站的设计规律和设计方法

- 能够独立完成个人网站的设计制作

## 学习内容

### 一、个人网站多样化的风格设计

每个人作为一个单个的个体,肯定都有其不同的个性特征。依据不同的个性特征进行个人网站的页面设计,可以使个人网站的风格及手法更加多样化。如图 3-6-1 所示的个人网站,从页面的主色调、图片的选择、版式的安排,就能够非常明显地区分出每个人的个性特征等。

图 3-6-1　个人网站的设计示例(一)

### 二、个人网站页面设计中自由的色彩与页面框架规划

设计和制作个人网站的页面时,框架与色彩的搭配应完全适合个人的个性特征、喜好等等,因为是个人站点,页面中还经常会出现手绘的签名,进一步彰显自己的个性。如图 3-6-2、图 3-6-3 所示。

图 3-6-2　个人网站的设计示例(二)

图 3－6－3　个人网站的设计示例(三)

## 三、个人网站页面整体风格的处理原则

在彰显个性的同时,千万不能忘记网站是由多个单独的页面链接在一起的,所以还应该考虑多个页面的统一性,使网站看起来更加整体,风格传达更加稳定。如图3－6－4和图 3－6－5 所示,相同的页面色调、相同的页面版式安排、相同的框架和文字信息的格式,就能组织出统一而又个性的优秀网站。

图 3－6－4　个人网站的设计示例(四)

图 3－6－5　个人网站的设计示例(五)

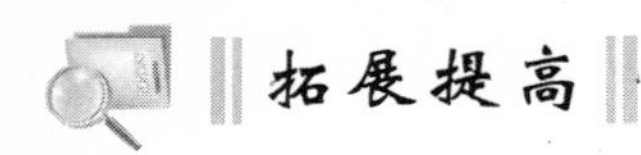

## 拓展提高

### 设计多页码网站时保持一致设计风格的要点

在这一章节中,我们主要分析了各种不同类型的网站在设计过程中应该注意的问题,希望大家在借鉴的同时慢慢形成自己的设计风格。需要提示的是,在设计多个页码的网站时如何能够将设计风格保持一致。

1. 结构的一致性

网站的统一性在网站营销中占重要地位,而网站结构是网站风格统一的重要手段,包括网站布局、文字排版、装饰性元素出现的位置、导航的统一、图片的位置等。到国外著名的电子商务网站浏览,你会发现这些网站结构惊人一致,所不同的只是色彩或内容。在结构的一致性中,我们要强调网站标志性元素的一致性,即网站或公司名称、网站或企业标志、导航及辅助导航的形式及位置、公司联系信息等保持一致。这种方式是目前网站普遍采用的结构,能减少设计、开发的工作量,也有利于以后的网站维护与更新。

2. 色彩的一致性

具体做法是保持站点主体色彩的一致,只改变局部色块,优点是色彩独特的网站会给人留下很深刻的印象,因为人的视觉对色彩要比布局更敏感,更容易在大脑中形成记忆符号。如果企业有自身的 CI 形象,最好在互联网中沿袭这个形象,给浏览者留下网上网下一致的感觉,更有利于企业形象的树立。

3. 利用导航取得统一

导航是网站的重要组成部分,一个出色的富有企业特性的导航将会给人留下深刻的印象,比如将标志的形态寓于导航之中,或将导航设计在整个网站布局之中等,不一而足,花点力气在导航上,也会设计出一个出色的站点。

4. 特别元素的一致性

在网站设计中,个别具有特色的元素(如标志、象征图形、局部设计等)重复出现,也会给访问者留下深刻印象。比如网站结构在某一点上的变化,由直线变为圆弧、暗色点缀的亮色、色彩中的补色等。

5. 利用图像取得统一

网页中的图像在使用上一定要慎之又慎,尤其是一些动画。有些网页中充斥着各种动画,而这些动画根本与所要表达的内容无关! 认真检查网页中的动画,将没用的删掉! 这里所说的利用图像取得统一,决不是在每页中放置几个动画,而是作为网站结构一部分的局部图像,根据网页内容的不同,配以相应的图像或动画,从而给浏览者形成页面的连续性。

6. 利用背景取得统一

从技术上而言,网页背景包括背景色和背景图像两种。一般来说,我们并不提倡使用背景图像,而建议使用背景色或色块。原因很明显,第一,下载速度差异巨大。背景色的下载速度忽略不计,而背景图像就得根据图像字节大小下载了。这里需要说明的是,如果你的背景图像比较深,那么最好将背景色置为深色调(默认的背景色是白色),这样在等待浏览器下载背景图片的时候前面的浅色文字可以很容易阅读,因为如果有背景色,浏览器先将其下载,然后下载背景图片。第二,显示效果大不相同。经常看到国内一些网站设有背景图像,或是公司的厂房、办公大楼,或者是产品图片,甚至是某某人物的照片,使得前面的文字很难辨认!给人一种很不舒服的感觉,让人无法停留。

## 思考练习

1. 设计个人网站页面需要注意哪些问题?

2. 自主组织个人网站的文字资料、图片资料、框架结构等,设计个人网站首页1张、二级页面3张。

## 单元要点归纳

任务 1 详细阐述了六种常见商务类型网站的设计规律和设计要点，并通过优秀商业网站设计的实例分析加深理解，使读者能够更快更好地掌握商业类型网站的设计规律和方法。

任务 2 详细介绍了门户类型网站的特点、框架及色彩使用要点、设计门户型网站不同层级页面需要注意的问题，并分析了优秀门户类型网站案例以加深理解。

任务 3 详细介绍了休闲娱乐类型网站的总体设计风格、框架及色彩使用要点、设计影音娱乐类网站、游戏类网站、旅游类网站需要注意的问题，并着重分析了优秀娱乐类型网站的案例。

任务 4 详细讲解了企业网站设计过程中如何确定网站风格、如何设置企业网站的框架、如何选择企业网站的色彩、如何整合各类信息进行页面编排，同时用各类型实例进行辅助理解。

任务 5 系统介绍了时尚前卫类网站页面设计需要主要的问题、风格定位、色彩、框架设计等，并将色彩类型分为常用的六种类型，通过案例讲解加深理解。

任务 6 着重介绍了设计制作个人网站应该注意的问题、设计多页面网站时如何统一风格和样式等，最终能够独立自主地完成有特色的个人网站。